普通高等院校力学类"十四五"精品教材
AR超媒体系列教材

流体力学实验

主　编　○　朱银红　　张　芹　　赵　军

副主编　○　赵延平　　莫红艳　　周健红

　　　　　　曾召田　　颜荣涛

西南交通大学出版社
·成都·

图书在版编目（CIP）数据

流体力学实验 / 朱银红，张芹，赵军主编. —成都：
西南交通大学出版社，2022.4
普通高等院校力学类"十四五"精品教材　AR 超媒体
系列教材
ISBN 978-7-5643-8624-5

Ⅰ. ①流… Ⅱ. ①朱… ②张… ③赵… Ⅲ. ①流体力
学－实验－高等学校－教材 Ⅳ. ①O35-33

中国版本图书馆 CIP 数据核字（2022）第 039235 号

普通高等院校力学类"十四五"精品教材　AR 超媒体系列教材
Liuti Lixue Shiyan
流体力学实验

主编　朱银红　张　芹　赵　军

责 任 编 辑	刘　昕
封 面 设 计	何东琳设计工作室

出 版 发 行	西南交通大学出版社 （四川省成都市二环路北一段 111 号 西南交通大学创新大厦 21 楼）
发 行 部 电 话	028-87600564　028-87600533
邮 政 编 码	610031
网　　　址	http://www.xnjdcbs.com
印　　　刷	四川森林印务有限责任公司
成 品 尺 寸	185 mm × 260 mm
印　　　张	5
字　　　数	107 千
版　　　次	2022 年 4 月第 1 版
印　　　次	2022 年 4 月第 1 次
书　　　号	ISBN 978-7-5643-8624-5
定　　　价	19.80 元

课件咨询电话：028-81435775

实验教学是高等教育人才培养计划中实践性教学的重要环节，也是培养研究型和应用型人才的必然要求。通过实验教学，学生不仅可以深化对理论知识的理解，加强理论和实践的结合，同时也可以培养自己分析问题和解决问题的能力，以及实际动手能力，为今后的科学研究打下基础。

流体力学是高等院校中诸多理工科专业的必修课，以流体为主要对象研究流体运动的规律以及流体与边界的相互作用，在土木工程、水利工程、环境工程、机械工程等专业领域有着广泛的应用。其主要任务是使学生掌握流体力学的基本概念、基本理论和解决流体力学问题的基本方法，使学生具备一定的实验技能，为专业课的学习、解决工程中有关的流体力学问题和进行科学研究打下必要的基础。

流体力学实验在流体力学学科的发展和教学中占有重要地位。本书是在桂林理工大学、桂林电子科技大学和桂林航天工业学院多年实验教学目标、教学实践及实验指导书的基础上，广泛吸收国内外相关实验教材的优点，依据流体力学实验教学的实际以及编者自身教学与实验工作经验，结合实验室的具体设备编写而成的。实验内容包括沿程水头损失实验、文丘里流量计实验、毕托管测速实验、孔板流量计实验、局部水头损失实验、伯努利方程实验、雷诺实验、阀门局部阻力系数的测定、孔口与管嘴实验和渗流实验等。这些实验可以使学生掌握流体力学的实验技术和测量技巧，为进行科学实验研究做准备。

本书由桂林理工大学朱银红高级实验师、张芹助理研究员，桂林电子科技大学赵军教授，桂林航天工业学院赵延平工程师，桂林理工大学莫红艳讲师、周健红讲师、曾召田教授、颜荣涛教授共同编写完成，全书由朱银红与张芹统稿。

由于编者水平有限和实验设备的限制，书中不足之处在所难免，敬请读者批评指正。

编　者
2021 年 10 月

AR 超媒体数字资源目录

AR 资源使用帮助：

（1）请按照本书封底的操作提示，使用微信扫描二维码进入"轨道在线"数字教育平台。

（2）请按照提示注册平台后，进入首页 AR 版块，按照提示输入封底刮层中的 12 位序列号完成认证。

（3）认证完成后，请点击图书的图标，然后将手机或平板对准书中带有 AR 标志的插图，即可浏览对应 AR 资源。

目 录

0 绪 论

　　流体力学实验实质上是对各流体力学要素进行探究、验证，不仅要定性地观察流体流动现象，更重要的是对各种流体力学要素进行一系列的定量量测，并对测量数据进行计算分析，进而研究出流体运动各要素直接的内在规律，达到流体力学的实验目的。

　　要做好流体力学实验，首先必须掌握流动要素的量测方法，本章着重介绍几个重要流动要素，如水位、压强、流速、流量的量测方法。

　　本书选取水体为实验介质，故采用水体的相关概念。

1. 水位的量测

　　水位：河流或者其他水体的自由水面离某基面零点以上的高程称为水位。水位的量测是流体力学要素量测中的重要内容之一，学会准确地量测水位，是做好流体力学实验的基本功。水位量测常用的仪器有测尺、测针、测压管。

　　1）测　尺

　　将木制或金属制的测尺垂直置入液体中，可以直接测读液面高程。

　　由于液体表面张力的影响，此法的精度较低，但直接且简单，常可在码头、桥墩等处设置测尺，以直观地显示水位涨落的变化。

　　2）测　针

　　（1）测针构造与使用。

　　传统型测针的构造如图 0-1 所示。测针杆是可以上下移动的标尺杆，量测时置于垫在支架上的套筒中，套筒上刻有游标。芯体位于套筒内，其上装有齿条，与微动齿轮配合。旋转微动齿轮，芯体可带动测针及标尺做上下微量移动，使测针尖端接触水面。测针的尖端可以做成针形，也可以做成钩形。

　　测针尖端接触水面后，游标上的 0 对应测针杆标尺的数值为液位值。测针的单位刻度是 1 mm，游标刻度与测针刻度重合处游标读数的精度是 0.1 mm。游标上的 0 对应测针的读数在 2.2 cm 与 2.3 cm 之间，图 0-1 中游标上 6 的刻度与测针上某一刻度重合，故水位值为 2.26 cm。

　　在上下移动测针杆量测水位时，首先用一只手托住芯体，另一只手抓住测针杆将其向上（或下）移动到所需位置附近，此步骤称为粗调（粗调时芯体不随测针杆移动）。然后用微动齿轮将其调整至测针尖刚好接触水面，此步骤称为细调。由于微动齿轮调节范围有限，细调范围一般不大于 0.4 cm，以免损坏设备。当某一方向细调受阻时，将微动齿轮向相反方向旋动，使测针杆向上（下）移动 1.5 cm 左右，再按先粗调、后细调的步骤将测针杆移至所需位置。

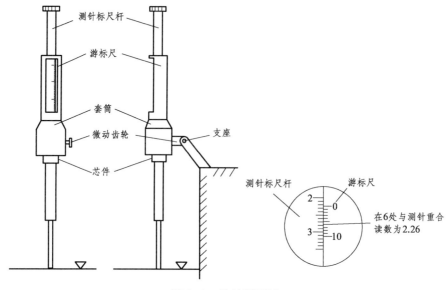

图 0-1 传统型测针

（2）注意事项。

① 针尖勿过于尖锐，以半径为 0.25 mm 的圆尖为宜。

② 为了避免表面张力影响量测精度，应当将测针自上而下逐渐接近水面，当尖部刚好与水面接触时，便立即停止移动测针，当测针尖端在水中的倒影与针尖正好吻合时光数即为所求。

③ 若水位略有波动，应多次量测水位，然后取其平均值。

④ 根据水位量测的需要，可以在量测水位处设置固定测针架直接用针尖量测水面位管。为了操作方便，也常常利用紫铜管、橡皮管等将水体引出至透明的量筒内，将支架固定在量节上，测针伸入筒内测读。前种方法直接明了且测读简便，但水面波动大时，不易测读准确；在测针筒内测读水位时，水面平静，精度较高，但只能应用于渐变流断面；同时还要注意防止容器侧壁上的小孔及连接管阻塞或进入气泡，否则测读结果会失真。

用水位测针仪量测水位时，测针杆能上下移动，标示水位。此法常用于室内水位的测量，可获得较高的测量精度，但操作繁琐。

3）测压管

测压管是一根两端开口的细直玻璃管，一端通过软管连接在欲量测水位的容器壁上，另一端和大气相通，在管旁设立标尺，如图 0-2 所示。根据等压面原理，测压管中的液位与容器中的液位同高，读出测压管中液面在标尺上的读数即可间接测出容器中的水位。该法测读方便，广泛应用于实验室及工业生产中。

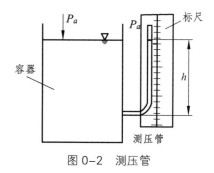

图 0-2 测压管

2. 压强量测

工程上普遍要求量测流体的压强。按工作原理的不同，压强量测仪器分成液柱式测压计、弹力测压计与电测计三种；按所测压强的高低，分成压强计与真空计两种。压强计用于量测绝对压强大于大气压强时的相对压强值，真空计用于量测真空压强。此外，根据仪器的构造与尺寸、量测范围与灵敏度、测压液体的种类等，压强量测仪器又可分成若干种。这里主要介绍用于实验室精确量测压强的液柱式测压计。

液柱式测压计是根据流体静力学的基本方程与等压面原理，利用测压管液柱高度来量测流体压强或压差的仪器。其操作简单，量测精度高，但量程小，一般用于低压实验场所。

对于重力场中的常密度流体，如图 0-3 所示，根据流体静力学基本方程，可以计算流体内部任意两点 A、B 的压强及压差。

$$p_A = p_0 + \rho g h_A \tag{0-1}$$

$$p_B = p_0 + \rho g h_B \tag{0-2}$$

$$p_A - p_B = \rho g(h_A - h_B) \tag{0-3}$$

式中，ρ 为所测液体的密度。

由此可知，在静止、连通的同种流体中，任意两点的压强差只与这两点的垂直高差有关，而与容器的形状无关，这就是静止流体的连通器原理。简而言之就是等压面是水平面（注意有前提条件）。

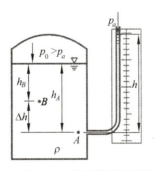

图 0-3 测压管量测压强

1）测压管

如果 A 点的绝对压强大于大气压强，测压管中液面将上升，只要设置适当的标尺，读出测压管中自由液面在 A 点水平面以上的高度 h，A 点的压强即为

$$p_A = \rho g h \tag{0-4}$$

或

$$p'_A = p_a + \rho g h \tag{0-5}$$

式中，p_A、p'_A 分别为 A 点的相对压强、绝对压强；h 为压强水头或测压管水柱高度。

测压管构造简单、造价低且使用方便，用于量测的压强范围为 $98 \sim 19.6 \times 10^3 \, \text{Pa}$，量测精度与测压管的直径、放置倾角有关（直径为 10 mm、铅直放置的测压管量测误差为 1~3 mm）。

当压强较低或需要提高量测精度时，可以将测压管倾斜放置，如图 0-4 所示称为微压计。

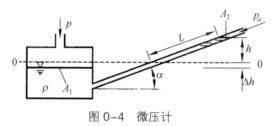

图 0-4　微压计

容器横截面面积为 A_1，内盛密度为 ρ 的液体，其侧壁装有可调节倾角 α 的横截面面积为 A_2 的测压管。设容器内初始液面为 0—0，当容器内液体受待测气体压强 $p(> p_a)$ 的作用而液面下降 Δh 时，倾斜管内液体上升 L 斜长，垂直上升高度为 $h = L\sin\alpha$，达到平衡，于是可得

$$p - p_a = \rho g(\Delta h + L\sin\alpha) \tag{0-6}$$

从初始液面算起，上下变动的液体体积相等，则 $A_1\Delta h = A_2 L$，即 $\Delta h = \dfrac{A_2}{A_1}L$，代入式（0-6），得

$$p = \rho g L\left(\frac{A_2}{A_1} + \sin\alpha\right) \tag{0-7}$$

若 A_2 远小于 A_1，即 $\dfrac{A_2}{A_1} \approx 0$，则忽略容器中的液面变化，相对压强为

$$p = \rho g L\sin\alpha \tag{0-8}$$

常用的倾角 α 值为 $10° \sim 30°$，这样可将液柱高度的读数放大 2~5 倍。

若在测压管中放置与被测液体不混掺的轻质液体（如煤油），也可量测较低的压强或提高量测精度。

2）U 形水银测压计

当压强高于 $19.6 \times 10^3 \, \text{Pa}$（2 m 水柱）时，需要的测压管过长，测读不方便，可改用 U 形水银测压计，如图 0-5 所示。U 形管内盛水银，一端连接在需要量测压强的部位，另一端与大气相通。在测点压强的作用下，U 形管的左、右侧管中水银液面形成高差，根据连通器原理，水平面 1—2 是等压面，$p_1 = p_2$，即

$$p'_A + \rho g h_1 = p_a + \rho g h_2 \tag{0-9}$$

则 A 点的绝对压强为

$$p'_A = p_a + \rho g h_2 - \rho g h_1 \tag{0-10}$$

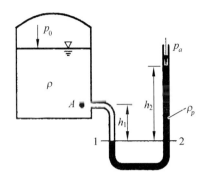

图 0-5 U 形水银测压计

$$p_A = (\rho_p h_2 - \rho h_1)g \qquad (0\text{-}11)$$

可见，只要测出 h_1 和 h_2 的数值，即可求出 A 点的压强。

3）压差计

压差计是直接量测两点压强差的仪器，一般由 U 形管制成。根据压差的大小，U 形管中可装入空气或各种不同密度的流体。常用的压差计有空气压差计、油压差计和水银压差计 3 种。

（1）空气压差计。

空气压差计为倒置的 U 形管，上部充以空气，下部两端分别用软管连接到容器中需要量测压差的 A、B 两点，如图 0-6 所示。图中 1—1 为等压面，因为空气的密度很小，在气柱中因高度差 h 而引起的压强差可以忽略不计，认为两管内的液体表面压强相等。

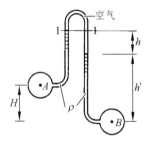

图 0-6 空气压差计

$$p_A - \rho g(h + h' - H) = p_B - \rho g h' \qquad (0\text{-}12)$$

$$p_A - p_B = \rho g(h - H) \qquad (0\text{-}13)$$

若 A、B 处同高，则

$$p_A - p_B = \rho g h \qquad (0\text{-}14)$$

可见，测得液面高差 h 即可求出 A、B 两点的压强差。

当压差较小时，为了提高量测精度，可以将压差计倾斜放置，如图 0-7 所示。

（2）油压差计。

提高量测精度的另外一种方法是将空气压差计中的气柱部分装入比所测液体轻的轻质液体（如油），这种压差计称为油压差计。此时式（0-14）变为

$$p_A - p_B = (\rho - \rho')gh \qquad (0\text{-}15)$$

式中　ρ——所测液体的密度；ρ'——轻质液体的密度。

可见，轻质液体的密度越是接近所测液体的密度，则 h 越大，压强差读数的放大倍数越大。

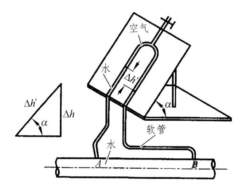

图 0-7　倾斜式空气压差计

（3）水银压差计。

当压差较大时，为了方便测读，可在 U 形管中注入水银，如图 0-8 所示。图中 1—1 为等压面。

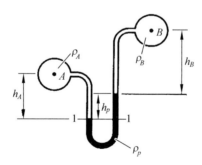

图 0-8　U 形水银压差计

$$p_A + \rho_A gh_A = p_B + \rho_B gh_B + \rho_p gh_p \qquad (0\text{-}16)$$

$$p_A - p_B = \rho_B gh_B + \rho_p gh_p - \rho_A gh_A \qquad (0\text{-}17)$$

若 A、B 处为同种液体，即 $\rho_A = p_B = \rho$，则

$$p_A - p_B = \rho g(h_B - h_A) + \rho_p gh_p \qquad (0\text{-}18)$$

若 A、B 处为同种液体且同高，即 $h_A = h_B + h_p$，则

$$p_A - p_B = (\rho_p - \rho)gh_p \qquad (0\text{-}19)$$

若此时 A、B 处为同种气体，忽略空气密度，则

$$p_A - p_B = \rho_p gh_p \qquad (0\text{-}20)$$

4）真空计

真空计是用来量测真空值的仪器，如图 0-9 所示。如果封闭容器 A 中压强 p'_A 小于大气压强，在真空作用下可将容器 B 内的液体吸上一高度 h，则

$$p'_A = p_a - \rho gh \qquad (0\text{-}21)$$

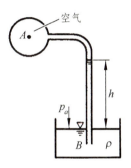

图 0-9 真空计

3. 流速量测

在流体力学的科研、生产中，流速量测是常见且具有实际意义的工作。

1）毕托管法

毕托管法是根据元流能量方程设计的最基本的流速量测仪器，1732 年由法国人亨利·毕托（Henri Pitot）发明，主要通过压强量测来实现点流速量测。经过 200 多年来的改进，目前已有几十种型式。

常用的毕托管——普朗特（L. Prandtl）型毕托管示意图及其原理详见第 3 章毕托管测速实验。

工厂生产的普朗特型毕托管探头的构造如图 0-10 所示。它由两根空心细管组成，前端迎流的开口连接测速管，侧面的顺流孔（一般为 4~8 个或做成环形槽状）与测压管相通，两细管上端用软管分别与压差计中的两根玻璃管相连接。为避免对流场的干扰引起误差，迎流孔与顺流孔、顺流孔与支架之间的距离不能过小。

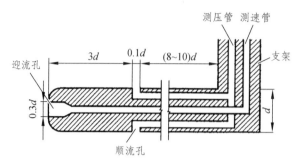

图 0-10　工厂生产的普朗特型毕托管探头的构造示意图

如图 0-11 所示为毕托管测速示意图。用毕托管量测液流流速时，将毕托管的下端放入液流中，并使迎流孔正对测点处的流速方向，测流前必须将毕托管及连接软管内的空气完全排出。如果所测点的流速较小，Δh 的数值也较小，为了提高量测精度，可将压差计倾斜放置。测量时，读出两管沿倾斜方向的液面距离 $\Delta h'$，并根据玻璃管的倾斜角度 θ 换算出相应的垂直液面高差 $\Delta h = \Delta h' \sin\theta$，代入公式即可得出测点的流速值。

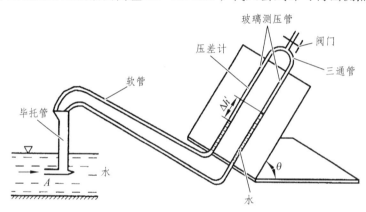

图 0-11　毕托管测速示意图

毕托管经长期应用，不断改进，现已十分完善。其具有结构简单、使用简便、测量精度高、稳定性好、成本低、耐用等优点，广泛用于室内液（气）流的量测。毕托管的适用范围为 20~200 cm/s，不宜量测过小的流速（如流速小于 15 cm/s），否则很难量测准确，误差也较大。另外，用毕托管测流速时，仪器本身对流场会产生扰动，这是用该方法测流速的一个缺点。

2）微型旋桨式流速仪

微型旋桨式流速仪主要用于测量明渠水流等流速，是目前国内外实验室常用的量测仪器。它由旋桨传感器、计数器及相关配套仪表组成。使用时，将旋桨传感器固定于被测点，使旋桨正对流动方向，由水流作用使旋桨转动，流速越大，转动越快。由于流速与旋桨的转速呈线性关系，可根据转速计算出水流流速。

实验室除上述两种测量仪器外，目前还拥有较为先进的测试手段，如激光测速仪、热线流速仪和超声波流速仪等。

4. 流量的量测

流量是单位时间内流经某过流断面的流体体积（或质量）。某瞬时流过的流体体积（或质量）称为瞬时流量。某段时间内流过的流体总体积（或总质量）除以该段时间为该段时间内的平均流量。

实验室中量测恒定流流量的方法可分为直接量测法与间接量测法两大类。

1）直接量测法

直接量测法是量测流量最原始的也是最可靠的一种方法。根据流量的定义，直接量测在一定时段内流经管道或明渠的液流总体积（或者是用磅秤称出这些液体的总质量），即可得到单位时间内流过的液体体积（或质量）。

（1）体积法。

体积法测流量时，以秒表计量时间，用量筒或水箱测出相应计量时间内液体的体积。体积法一般用于量测较小的流量。

（2）质量法。

质量法测流量与体积法基本一致，区别在于所得结果为质量流量，而非体积流量。

2）间接量测法

根据流体力学实验中测得的其他数据（如水位、压差、流速等）经过一定的换算而得出所测流量的数值，这种方法称为间接量测法。有压管道常采用的间接量测法有文丘里流量计、孔板流量计、涡轮流量计、电磁流量计量测方法等。明渠恒定流流量主要用量水堰来测量。

（1）文丘里管法。

文丘里管是在有压管道上量测流量的一种仪器。其原理及示意图详见第 2 章文丘里流量计实验。与文丘里管相类似的测流量设备还有孔板流量计和喷嘴流量计。这两种流量计的工作原理与文丘里管相同。

（2）量水堰法。

水利工程中，将既能抬高上游液位也能从顶部溢流的构造物称为堰，流经堰的液流称为堰流。将堰顶厚度较小、不影响溢流特性的堰称为薄壁堰。量水堰就是一种置于明渠中进行流量量测的薄壁堰，可以通过量测堰板上游的水位 H 来确定渠道中的流量 Q。根据堰口的形状，量水堰可分为矩形堰、三角形堰与梯形堰，它们适用于不同流量范围。量水堰测流量，简便易行，精度也较高，目前被广泛用于实验研究中。

1 沿程水头损失实验

1. 实验目的

（1）测定有压管道沿程水头损失系数 λ。

（2）通过实验分析沿程水头损失的变化规律，验证沿程水头损失 h_f 与流体平均流速 v 的关系以及沿程水头损失系数 λ 与雷诺数 Re 和相对粗糙度 $\dfrac{k_s}{d}$ 的变化规律。

（3）绘制 $\lg h_f\text{-}\lg v$、$\lg\lambda\text{-}\lg Re$ 关系曲线。

2. 实验装置

实验装置如图 1-1 所示，由实验桌、供水系统、实验管道、流量量测水箱和回水管等组成。其中，在实验管道上游断面和下游断面分别设置两个测压孔，并安装测压管，测压孔的距离为 L，以量测两断面间的沿程水头损失。实验管道中的流速通过流量调节阀控制，流量的测量采用体积法，即用量筒接入一定体积的水，并用秒表记录接水时间，两者相除便可得流量。

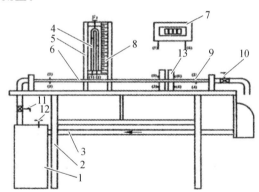

1—自循环高压恒定全自动供水器；2—实验台；3—回水管；4—水压差计；5—测压计；
6—实验管道；7—水银压差计；8—滑支测量尺；9—测压点；10—尾阀；
11—供水管与供水阀；12—旁通管与旁通阀；13—稳压筒。

图 1-1　沿程水头损失实验装置

3. 实验原理

1）沿程水头损失系数 λ 的计算

对实验管路中任意两个断面列出能量方程：

$$z_1 + \frac{p_1}{\gamma} + \frac{\alpha_1 v_1^2}{2g} = z_2 + \frac{p_2}{\gamma} + \frac{\alpha_2 v_2^2}{2g} + h_f \tag{1-1}$$

由于实验管道直径 d 不变，即 $v_1 = v_2$，取 $\alpha_1 = \alpha_2 = 1.0$，故

$$h_f = \left(z_1 + \frac{p_1}{\gamma} \right) - \left(z_2 + \frac{p_2}{\gamma} \right) = \Delta h \tag{1-2}$$

式中，Δh 为两断面测压管水头差，即任意两断面间的沿程水头损失等于两断面间的测压管水头差。

根据达西-魏斯巴赫（Darcy-Wisbach）公式：

$$h_f = \lambda \frac{L}{d} \frac{v^2}{2g} \tag{1-3}$$

式中，h_f 为沿程水头损失；λ 为沿程水头损失系数，为无量纲数；L 为上下游两断面间的距离；d 为实验管路直径；v 为管路断面平均流速；g 为重力加速度。

用体积法测定实验管路中通过的流量 Q，由于管径 d 已知，可求得平均流速 v。由此可以计算出沿程阻力系数：

$$\lambda = \frac{h_f}{\dfrac{L}{d} \dfrac{v^2}{2g}} = \frac{\Delta h}{\dfrac{L}{d} \dfrac{v^2}{2g}} \tag{1-4}$$

2）不同流态下的沿程水头损失系数

沿程水头损失系数 λ 是相对粗糙度 $\dfrac{k_s}{d}$ 与雷诺数 Re 的函数，k_s 为管壁当量粗糙度，且

$$Re = \frac{vd}{\upsilon} \tag{1-5}$$

式中，υ 为液体的运动黏滞系数，cm^2/s。

圆管层流流动中，沿程水头损失系数仅与雷诺数有关，即

$$\lambda = \frac{64}{Re} \tag{1-6}$$

（1）光滑圆管紊流区，沿程水头损失系数取决于雷诺数，即

$$\lambda = f(Re) \tag{1-7}$$

（2）粗糙圆管紊流区，沿程水头损失系数完全取决于圆管相对粗糙度，而与雷诺数无关，即

$$\lambda = f\left(\frac{k_s}{d}\right) \tag{1-8}$$

（3）光滑圆管紊流区与粗糙圆管紊流区之间的过渡区，沿程水头损失系数与雷诺数、圆管相对粗糙度均有关系，即

$$\lambda = f\left(Re, \frac{k_s}{d}\right) \tag{1-9}$$

3）沿程水头损失变化规律

水流在不同流区及流态下，其沿程水头损失与断面平均流速的关系有所区别。在层流状态下，沿程水头损失大小与断面平均流速成正比，可表示为 $h_f \sim v^1$；在紊流状态下，沿程水头损失大小与断面平均流速的 1.75~2 次方成正比，即 $h_f \sim v^{1.75 \sim 2.0}$。

4. 实验步骤

（1）熟悉实验仪器，记录实验管路直径、水温等有关常数。

（2）接通电源，开启水泵，并打开供水阀给水箱供水。

（3）当水箱中开始出现溢流时，打开尾阀以排除实验管路中的气体。随后，在关闭尾阀的条件下，检查两根测压管的液面高程是否在同一平面上，从而判断气体是否排完。若不平，则反复打开尾阀直至气泡完全排走为止。

（4）将尾阀调至最大，使得实验管路中通过的流量最大，且上下游两断面间的水头损失（即测压管读数之差）最大。待水流稳定后，开始测量并记录流量和测压管水位。

（5）逐步关小尾阀的开度，以减小实验管路中的水流流量，并将测压管读数之差的减小量控制在 2 cm 左右。待水流稳定后，再次测量并记录流量和测压管读数。为提高实验精度，要求实验流量至少改变 10 次，每次测压管读数之差下降要均匀，直至流量最小为止。

（6）检查数据无误后，关闭电源，拔掉电源插头，结束实验。

5. 注意事项

（1）实验操作时，动作一定要轻缓，不要用力过猛，尽可能减少外界对水流的干扰，并防止损坏仪器。

（2）实验过程中每改变一次流量，均需等待 2~3 min 至水流平稳后再进行量测。

（3）测压管读数之差下降要均匀，便于绘制曲线，提高实验精度。

（4）整理实验数据时，一定要注意单位的统一。

（5）实验过程中一定要注意用电、用水安全，实验结束后，请关闭电源开关，拔掉电源插头。

6. 思考题

（1）实验正式开始前，为什么要将管路中的气体排尽？如何检查气体已被排尽？

（2）分析最大流量和最小流量的流态及流区。

（3）改变流量后，为什么要等水流稳定后才能读数？

7. 实验记录

见"实验报告汇集"第 1 章沿程水头损失实验中的记录表。

2 文丘里流量计实验

1. 实验目的

（1）了解文丘里流量计的基本构造，掌握其测流量的原理和方法。

（2）测定文丘里管流量系数 μ 值。

（3）绘制文丘里管的流量 Q 与测压管水头差 Δh 之间的关系曲线。

2. 实验装置

实验装置如图 2-1 所示，文丘里流量计常用于量测有压管道的流量，由收缩段、喉管和扩散段组成（见图 2-2）。其中，收缩段进口断面和喉管断面分别设有测压孔，并连接测压管，用于量测管路断面的测压管水头差。

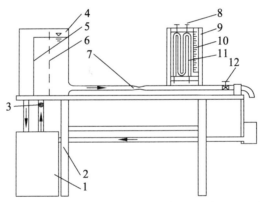

1—自循环供水器；2—实验台；3—供水阀；4—恒压水箱；5—溢流板；6—稳水孔板；

7—文丘里实验管段；8—测压计气阀；9—测压计；10—滑尺；

11—多管压差计；12—尾阀。

图 2-1 文丘里流量计实验装置

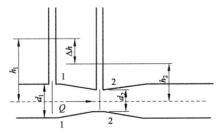

图 2-2 文丘里流量计示意图

3. 实验原理

当水流从如图 2-2 所示断面 1—1 流经断面 2—2 时，根据伯努利方程，若不考虑水头损失，且假设动能修正系数 $\alpha_1 = \alpha_2 = 1.0$，则有

$$\frac{p_1}{\gamma} + \frac{v_1^2}{2g} = \frac{p_2}{\gamma} + \frac{v_2^2}{2g} \tag{2-1}$$

断面 1—1 和断面 2—2 的测压管水头差 Δh 可表示为

$$\Delta h = h_1 - h_2 = \frac{p_1}{\gamma} - \frac{p_2}{\gamma} = \frac{v_2^2}{2g} - \frac{v_1^2}{2g} \tag{2-2}$$

又恒定总流的连续方程 $A_1 v_1 = A_2 v_2$，即

$$\frac{v_1}{v_2} = \left(\frac{d_2}{d_1}\right)^2 \tag{2-3}$$

故

$$\Delta h = \frac{v_2^2}{2g}\left[1 - \left(\frac{d_2}{d_1}\right)^4\right] \tag{2-4}$$

所以

$$v_2 = \frac{1}{\sqrt{1 - \left(\dfrac{d_2}{d_1}\right)^4}}\sqrt{2g\Delta h} \tag{2-5}$$

可以得到通过过流断面的理论流量为

$$Q_{\text{理}} = A_2 v_2 = \frac{\pi}{4}\frac{d_1^2}{\sqrt{\left(\dfrac{d_1}{d_2}\right)^4 - 1}}\sqrt{2g\Delta h} = K\sqrt{\Delta h} \tag{2-6}$$

式中，$K = \dfrac{\pi}{4}\dfrac{d_1^2}{\sqrt{\left(\dfrac{d_1}{d_2}\right)^4 - 1}}\sqrt{2g}$，且为常数。

由上可知，实验中只需测得测压管水头 Δh 便可求得通过的流量。但在实际液体发生流动时，由于黏滞力的存在，水流通过文丘里流量计时造成了水头损失，故实际通过的流量 Q 一般小于 $Q_{\text{理}}$。因此需要对式（2-6）进行修正，引入无量纲系数 $\mu = \dfrac{Q}{Q_{\text{理}}}$（$\mu$ 称为文丘里管流量修正系数，简称流量系数），则有

$$Q = \mu Q_{理} = \mu K \sqrt{\Delta h} \qquad\qquad (2\text{-}7)$$

📎 4. 实验步骤

（1）熟悉实验仪器，记录实验管路直径、水温等有关常数。

（2）接通电源，开启水泵，并打开供水阀给水箱供水。

（3）当水箱中开始出现溢流时，打开尾阀以排除实验管路中的气体。随后，在关闭尾阀的条件下，检查测压管的液面高程是否在同一平面上，从而判断气体是否排完。若不平，则反复打开尾阀直至气泡完全排走为止。

（4）将尾阀调至最大，使得实验管路中通过的流量最大，且测压管的水位均能读数。待水流稳定后，开始测量并记录流量和测压管水位。

（5）逐步关小尾阀的开度，以减小实验管路中的水流流量，并将测压管读数之差的减小量控制在 2 cm 左右。待水流稳定后，再次测量并记录流量和测压管水位。为提高实验精度，要求实验流量至少改变 8 次，每次测压管读数之差下降要均匀，直至流量最小为止。

（6）检查数据无误后，关闭电源，拔掉电源插头，结束实验。

📎 5. 注意事项

（1）实验操作时，动作一定要轻缓，不要用力过猛，尽可能减少外界对水流的干扰，并防止损坏仪器。

（2）实验过程中每改变一次流量，均需等待 2~3 min 至水流平稳后再进行量测。

（3）读测压管水位、控制阀门、测流量的学员之间互相配合，并注意爱护仪器设备。

（4）实验过程中一定要注意用电用水安全，实验结束后，关闭电源开关，拔掉电源插头。

📎 6. 思考题

（1）分析文丘里流量计所测理论流量与实际流量之间的大小，并分析其原因。

（2）流量系数 μ 可能大于 1.0 吗？为什么？

（3）安装文丘里管时能否将上下游倒置，并说明原因。

📎 7. 实验记录

见"实验报告汇集"第 2 章文丘里流量计实验中的记录表。

3　毕托管测速实验

1. 实验目的

（1）了解毕托管的基本构造和测速原理。

（2）掌握毕托管测量流速的方法。

（3）测定管嘴淹没出流的测点流速。

2. 实验装置

实验装置如图3-1所示，由实验桌、自循环供水箱、水位调节阀、稳压水箱、淹没管嘴、毕托管、滑轨、回水箱、测压管、滑动测尺等组成。

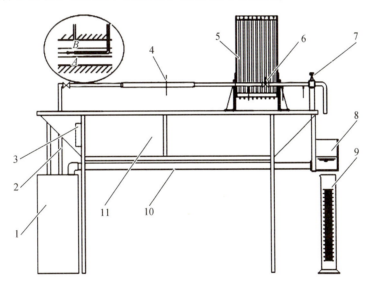

1—水箱；2—供水管；3—水泵开关；4—毕托管装置断面；5—测压管；6—实验阀门；
7—出水调节阀门；8—计量箱；9—量筒；10—回水管；11—实验台。

图3-1　毕托管实验装置

3. 实验原理

如图3-2所示，毕托管是一根开口较细的弯管，在正对与垂直水流的方向分别开有小孔，并将其分别接入两根测压管中，实验时只需要测出两根测压管的水面差，即可求出所测点的流速。

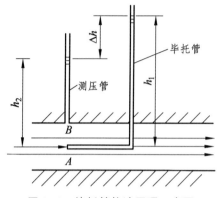

图 3-2 毕托管构造原理示意图

在 A、B 处列方程可得

$$z_A + \frac{p_A}{\gamma} + \frac{v_A^2}{2g} = z_B + \frac{p_B}{\gamma} + \frac{v_B^2}{2g} \tag{3-1}$$

因管口处速度 $v_B = 0$，将式（3-1）整理可得：

$$\frac{v_A^2}{2g} = \left(z_B + \frac{p_B}{\gamma}\right) - \left(z_A + \frac{p_A}{\gamma}\right) = \Delta h \tag{3-2}$$

故而 A 点的流速为

$$v_A = \sqrt{2g\Delta h} \tag{3-3}$$

由于干扰和流动阻力的影响，式（3-3）校正为

$$v = c\sqrt{2g\Delta h} \tag{3-4}$$

式中，v 为毕托管测点的流速；c 为毕托管的校正系数。

4. 实验步骤

（1）熟悉实验装置各部分的名称、作用、性能，并了解毕托管的构造特征以及实验原理。

（2）用软胶管将上、下游水箱的测点分别与测压计中的测管连通，将毕托管对准管嘴，距离管嘴出口处约 3 cm，并在滑轨上进行固定。

（3）开启水泵，将流量调节至最大，并及时排除毕托管及连通管中的气体，方可进行实验。

（4）操作调节阀并调节上水阀，使溢流适中，作不同工况的实验操作，即改变流速，获得不同的恒定水位与相应流速。

（5）测记各有关的常数和实验参数，填入实验表格，完成实验报告。

5. 注意事项

（1）实验前先对毕托管测压管排气。

（2）毕托管头部要正对水流方向，否则测量的可能是流速的分量。

（3）实验过程中一定要注意用电、用水安全，实验结束后，请关闭电源开关，拔掉电源插头。

6. 思考题

（1）利用测压管测量压强时，为什么要排气？怎样检验气体排净与否？

（2）相较于光、声、电技术，毕托管测流速的优缺点有哪些？

7. 实验记录

见"实验报告汇集"第 3 章毕托管测速实验中的记录表。

4 孔板流量计实验

1. 实验目的

（1）了解孔板流量计的基本构造，掌握其测流量的原理和方法。
（2）测定孔板流量系数 μ 值。
（3）绘制流量 Q 与测压管水头差 Δh 之间的关系曲线。

2. 实验装置

实验装置如图 4-1 所示，在实验管道上设置孔板。孔板流量计常用于量测管道的流量，在流动未经过孔板收缩的上游断面 1—1 和经过孔板收缩的下游断面 2—2 分别设置测压孔，并连接测压管，用于量测管路断面的测压管水头差（见图 4-2）。

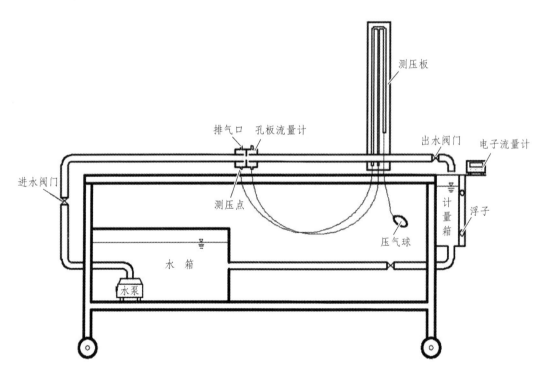

图 4-1　孔板流量计实验装置

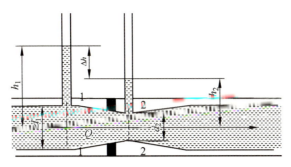

图 4-2　孔板流量计示意图

3. 实验原理

当水流从图 4-2 中断面 1—1 流经断面 2—2 时，根据伯努利方程，若不考虑水头损失，且假设动能修正系数 $\alpha_1 = \alpha_2 = 1.0$，则有

$$\frac{p_1}{\gamma} + \frac{v_1^2}{2g} = \frac{p_2}{\gamma} + \frac{v_2^2}{2g} \tag{4-1}$$

断面 1—1 和断面 2—2 的测压管水头差 Δh 可表示为

$$\Delta h = h_1 - h_2 = \frac{p_1}{\gamma} - \frac{p_2}{\gamma} = \frac{v_2^2}{2g} - \frac{v_1^2}{2g} \tag{4-2}$$

恒定总流的连续方程为 $A_1 v_1 = A_2 v_2$，即

$$\frac{v_1}{v_2} = \left(\frac{d_2}{d_1}\right)^2 \tag{4-3}$$

故

$$\Delta h = \frac{v_2^2}{2g}\left[1 - \left(\frac{d_2}{d_1}\right)^4\right] \tag{4-4}$$

所以

$$v_2 = \frac{1}{\sqrt{1 - \left(\dfrac{d_2}{d_1}\right)^4}} \sqrt{2g\Delta h} \tag{4-5}$$

可以得到通过过流断面的理论流量为

$$Q_{理} = A_2 v_2 = \frac{\pi}{4} \frac{d_1^2}{\sqrt{\left(\dfrac{d_1}{d_2}\right)^4 - 1}} \sqrt{2g\Delta h} = K\sqrt{\Delta h} \tag{4-6}$$

式中 $K = \dfrac{\pi}{4} \dfrac{d_1^2}{\sqrt{\left(\dfrac{d_1}{d_2}\right)^4 - 1}} \sqrt{2g}$ ，且为常数。

由上可知，实验中只需测得测压管水头 Δh 便可求得通过的流量。但在实际液体发生流动时，由于黏滞力的存在，水流通过孔板流量计时造成了水头损失，故实际通过的流量 Q 一般小于 $Q_{理}$。因此需要对式（4-6）进行修正，引入无量纲系数 $\mu = \dfrac{Q}{Q_{理}}$（μ 称为孔板流量修正系数，简称流量系数），则有

$$Q = \mu Q_{理} = \mu K \sqrt{\Delta h} \qquad\qquad (4\text{-}7)$$

4. 实验步骤

（1）熟悉实验仪器，记录实验管路直径、水温等有关常数。

（2）接通电源，开启水泵，并打开供水阀给水箱供水。

（3）当水箱中开始出现溢流时，打开尾阀以排除实验管路中的气体。随后，在关闭尾阀的条件下，检查测压管的液面高程是否在同一平面上，从而判断气体是否排完。若不平，则反复打开尾阀直至气泡完全排走为止。

（4）将尾阀调至最大，使得实验管路中通过的流量最大，且测压管的水位均能读数。待水流稳定后，开始测量并记录流量和测压管水位。

（5）逐步关小尾阀的开度，以减小实验管路中的水流流量，并将测压管读数之差的减小量控制在 2 cm 左右。待水流稳定后，再次测量并记录流量和测压管水位。为提高实验精度，要求实验流量至少改变 8 次，每次测压管读数之差下降要均匀，直至流量最小为止。

（6）检查数据无误后，关闭电源，拔掉电源插头，结束实验。

5. 注意事项

（1）实验操作时，动作一定要轻缓，不要用力过猛，尽可能减少外界对水流的干扰，并防止损坏仪器。

（2）实验过程中每改变一次流量，均需等待 2~3 min 至水流平稳后，再进行量测。

（3）读测压管水位、控制阀门、测流量的学员之间互相配合，并注意爱护仪器设备。

（4）实验过程中一定要注意用电用水安全，实验结束后，请关闭电源开关，拔掉电源插头。

6. 思考题

（1）分析孔板流量计所测理论流量与实际流量之间的大小，并分析其原因。

（2）孔板流量计的流量系数为什么比文丘里流量计的流量系数小？

（3）使用孔板流量计测流量时应注意哪些问题？

7. 实验记录

见"实验报告汇集"第 4 章孔板流量计实验中的记录表。

5 局部水头损失实验

📎 1. 实验目的

（1）掌握管道局部水头损失系数 ζ 的测定方法。

（2）比较分析突扩管局部水头损失系数的实测值与理论值。

（3）了解影响局部水头损失系数 ζ 的因素。

📎 2. 实验装置

实验装置如图 5-1 所示，由实验桌、供水系统、实验管道、流量量测水箱和回水管等组成。其中，在实验管道上布置有突扩管、突缩管，并安装有测压管，测压孔的距离为 L。管中流速可通过阀门控制。

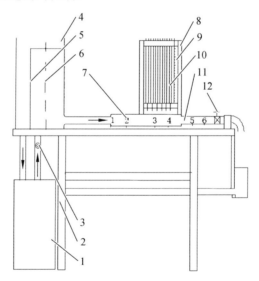

1—自循环高压恒定全自动供水器；2—实验台；3—供水阀；4—恒压水箱；5—溢流板；
5—稳水孔尺；7—突然扩大实验管段；8—测压计；9—滑动测量尺；10—测压管；
11—突然收缩实验管段；12—尾阀。

图 5-1 局部水头损失实验装置

📎 3. 实验原理

水流在管路中流动时，由于管道直径的突然扩大或缩小、急弯、岔口等管道边界局部的突变，会引起流动结构的重新调整，并产生旋涡，使能量发生耗散。这个过程中消耗能量所损失的水头称为局部水头损失。

局部水头损失的一般表达式：

$$h_j = \zeta \frac{v^2}{2g}$$（5-1）

式中，h_j 为局部水头损失；ζ 为局部水头损失系数，它是流动形态与边界状态的函数，当水流的雷诺数足够大时，ζ 为常数。

对于局部损失管道的上、下游断面应用伯努利方程，即可求出局部水头损失，现分别就突扩圆管及突缩圆管局部水头损失情况予以说明。

1）突扩管局部水头损失

如图 5-2 所示，管流突然扩大的局部水头损失即是图中 1—1 断面到 2—2 断面的水头损失。由于流体具有惯性，当从小直径的管道流往大直径的管道时，它会离开小管后逐渐地扩大，便在管壁拐角与流束之间形成漩涡，漩涡将获取的能量消耗在旋转运动中从而产生水头损失。此外，不同流速的流体之间发生碰撞，也会产生水头损失。

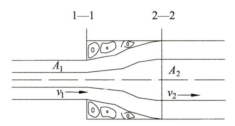

图 5-2　突扩管示意图

根据能量方程，由于断面 1—1 和 2—2 之间距离很短，沿程水头损失可忽略不计，可得局部水头损失为

$$h_{j\text{实}} = \left(z_1 + \frac{p_1}{\gamma} + \frac{\alpha_1 v_1^2}{2g} \right) - \left(z_2 + \frac{p_2}{\gamma} + \frac{\alpha_2 v_2^2}{2g} \right)$$（5-2）

取 $\alpha_1 = \alpha_2 = 1.0$，并整理公式可得

$$h_{j\text{实}} = \left(z_1 + \frac{p_1}{\gamma} \right) - \pi \left(z_2 + \frac{p_2}{\gamma} \right) + \frac{1}{2g} \left(v_1^2 - v_2^2 \right)$$（5-3）

式中，测压管水头 $\left(z_1 + \frac{p_1}{\gamma} \right)$、$\left(z_2 + \frac{p_2}{\gamma} \right)$ 从测压管中直接读取。流速水头 $\frac{\alpha_1 v_1^2}{2g}$、$\frac{\alpha_2 v_2^2}{2g}$ 根据体积法所测流量 Q、管径 d_1 和 d_2 算出流速 v_1、v_2 从而得到。

则

$$\zeta_{\text{实}} = h_{j\text{实}} / \frac{v^2}{2g}$$（5-4）

对于突扩管，通过动量方程、能量方程以及连续方程进行理论分析，可得其局部水头损失的理论公式为

$$h_{j理} = \frac{(v_1 - v_2)^2}{2g} \tag{5-5}$$

又由连续方程 $A_1 v_1 = A_2 v_2$，解出 v_1 或 v_2，带入式（5-5）可得

$$h_{j理} = \left(1 - \frac{A_1}{A_2}\right)^2 \frac{v_1^2}{2g} = \left(\frac{A_2}{A_1} - 1\right)^2 \frac{v_2^2}{2g} \tag{5-6}$$

故①采用扩大前的流速水头表示时，有

$$\zeta_{理} = \left(1 - \frac{A_1}{A_2}\right)^2 \tag{5-7}$$

②采用扩大后的流速水头表示时，有

$$\zeta_{理} = \left(\frac{A_2}{A_1} - 1\right)^2 \tag{5-8}$$

2）突缩管局部水头损失

如图 5-3 所示，管流突然缩小的局部水头损失即是图中 1—1 断面到 2—2 断面的水头损失。当流体从大直径流往小直径的管道时，流束收缩，流线弯曲。由于具有惯性，当进入小直径管道后，流体将继续收缩直至最小截面，而后又逐渐扩大至充满整个管径截面。在流线弯曲、流体的加速和减速过程中，旋涡运动、流体质点碰撞、速度分布变化等都会造成水头损失。

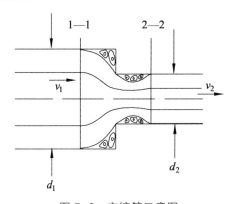

图 5-3　突缩管示意图

根据能量方程，由于断面 1—1 和 2—2 之间距离很短，沿程水头损失可忽略不计，可得局部水头损失为

$$h_{j实} = \left(z_1 + \frac{p_1}{\gamma} + \frac{\alpha_1 v_1^2}{2g}\right) - \left(z_2 + \frac{p_2}{\gamma} + \frac{\alpha_2 v_2^2}{2g}\right) \tag{5-9}$$

取 $\alpha_1 = \alpha_2 = 1.0$ ，并整理公式可得

$$h_{j\text{实}} = (z_1 + \frac{p_1}{\gamma}) - (z_2 + \frac{p_2}{\gamma}) + \frac{1}{2g}(v_1^2 - v_2^2) \tag{5-10}$$

式中，测压管水头 $\left(z_1 + \frac{p_1}{\gamma}\right)$ 、$\left(z_2 + \frac{p_2}{\gamma}\right)$ 从测压管中直接读取。流速水头 $\frac{\alpha_1 v_1^2}{2g}$ 、$\frac{\alpha_2 v_2^2}{2g}$ 根据体积法所测流量 Q 、管径 d_1 和 d_2 算出流速 v_1 、v_2 从而得到。

则

$$\zeta_{\text{实}} = h_{j\text{实}} \Big/ \frac{v^2}{2g} \tag{5-11}$$

由于突缩圆管的流动结构与突扩管有所区别，目前尚没有理论公式表达突缩管的局部水头损失，仅有经验公式：

$$h_{j\text{经}} = \frac{1}{2}\left(1 - \frac{A_2}{A_1}\right)\frac{v_2^2}{2g}, \quad \zeta_{\text{经}} = \frac{1}{2}\left(1 - \frac{A_2}{A_1}\right) \tag{5-12}$$

4. 实验步骤

（1）认真阅读实验目的及实验原理，熟悉实验装置，并记录有关已知数据。

（2）打开尾阀，接通电源，开启水泵，给水箱供水。

（3）等到水箱开始溢水后，关闭尾阀，排除管道、测压管中的气体，并观察测压管中的水位是否在同一水平面上。

（4）打开尾阀，使管道通过水流，并调节流量大小，使测压管水位在适当的高度。

（5）测量各断面的测压管水头，同时用体积法测定流量，并将结果记录到表中相应位置。

（6）检查数据无误后，改变流量，重复多次测量。

（7）关闭水泵，拔掉电源插头，结束实验。

5. 注意事项

（1）注意排空测压管内气体，以免影响实验结果。

（2）每次改变流量后实验，必须在水流恒定后方可进行。

（3）读测压管水位、控制阀门、测流量的学员之间互相配合，并注意爱护仪器设备。

（4）实验过程中一定要注意用电、用水安全，实验结束后，请关闭电源开关，拔掉电源插头。

6. 思考题

（1）为什么实验中一定要保持水流恒定？

（2）能量损失有哪几种形式？产生能量损失的原因是什么？

（3）比较管流突然扩大的实测局部水头损失和理论局部水头损失的大小，并分析其原因。

7. 实验记录

见"实验报告汇集"第 5 章局部水头损失实验中的记录表。

6　伯努利方程实验

1. 实验目的

（1）实测有压输水管路中的数据，绘制管路的测压管水头线和总水头线，以验证能量方程，并观察测压管水头线沿程随管径变化的情况。

（2）掌握"体积法"测流量的方法。

（3）观察管道中管径变化水流压强分布规律。

2. 实验装置

量测系统测点断面实验装置如图 6-1 所示，由实验台、供水系统、实验管道、流量和回水系统等组成。各位置如图 6-2 所示。

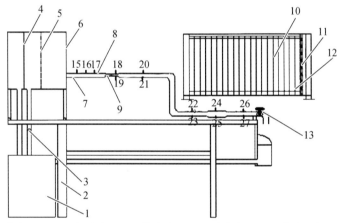

1—自循环供水器；2—实验台；3—供水阀；4—溢流板；5—稳水孔板；6—恒压水箱；
7—实验管道；8—测压点；9—毕托管；10—测压计；11—滑动测量尺；
12—测压管；13—实验流量调节阀。

图 6-1　伯努利方程实验装置

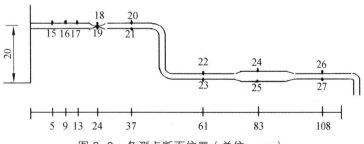

图 6-2　各测点断面位置（单位：cm）

3. 实验原理

在实验管路中沿管内水流方向取 n 个过水断面。可以列出进口断面（1—1）至另一断面 $(i—i)$ 的能量方程式 $(i = 2,3,\cdots,n)$

$$Z_1 + \frac{p_1}{\gamma} + \frac{a_1 v_1^2}{2g} = Z_i + \frac{p_i}{\gamma} + \frac{a_i v_i^2}{2g} + h_w \tag{6-1}$$

式中，$Z_i + \dfrac{p_i}{\gamma}$ 为测压管水头，为断面 $(i—i)$ 处位置水头与压强水头之和；$\dfrac{a_i v_i^2}{2g}$ 为断面 $(i—i)$ 处流速水头；h_w 为断面（1—1）到断面 $(i—i)$ 的水头损失。

取 $a_1 = a_2 = \cdots = a_n = 1$，选好基准面，则已设置的各断面的测压管水头为位置水头与压强水头之和，即 $Z_i + \dfrac{p_i}{\gamma_i}$ 值；用体积法或其他方法测出通过管路的流量 Q，即可计算出断面平均流速 v_i，计算出流速水头 $\dfrac{\alpha_i v_i^2}{2g}$。位置水头、压强水头、流速水头之和为总水头，即可得到各断面的计算总水头，从而验证伯努利方程。水流的黏滞性和紊流作用，一定会产生水头损失 h_w，因此，总水头一定是沿水流方向降低的。

4. 实验步骤

（1）熟悉实验设备，分清哪些测压管是普通测压管，哪些是毕托管测压管，以及两者功能的区别。

（2）打开开关供水，使水箱充水，待水箱溢流，检查调节阀关闭后所有测压管水面是否齐平。如不平，则需查明故障原因（如连通管受阻、漏气或夹气泡等）并加以排除，直至调平。

（3）打开尾阀，调节阀开度，待流量稳定后，测记各测压管及毕托管液面读数，同时测记实验流量。

（4）改变流量 2~3 次，重复上述测量。其中一次阀门开度大到使测管液面接近标尺零点。

（5）整理实验数据，填写实验记录表，绘制各断面测压管水头线和总水头线。

5. 注意事项

（1）流量不要太大，以免有些测压管水位过低影响读数，甚至引起管道吸进空气影响实验。

（2）一定要在水流恒定后才能量测。

（3）流速较大时，测压管水位有波动，读数时要读取时均值。

（4）实验时一定要注意安全用电。实验结束后，关水、关电。

📎 6. 思考题

（1）绘制各断面测压管水头线和计算总水头线。

（2）流量增加，测压管水头线有何变化？为什么？

（3）毕托管所显示的实测总水头线与流速水头计算得出的计算总水头线一般都略有差异，试分析其原因。

📎 7. 实验记录

见"实验报告汇集"第 6 章伯努利方程实验中的记录表。

7 雷诺实验

1. 实验目的

（1）观察水流的流态，即层流和紊流现象，区分两种流态的特征。

（2）测定下临界雷诺数，理解并掌握圆管流态的判别标准。

2. 实验装置

实验装置如图 7-1 所示，由实验桌、供水系统、实验管道、流量量测系统、流线指示装置和回水系统组成。

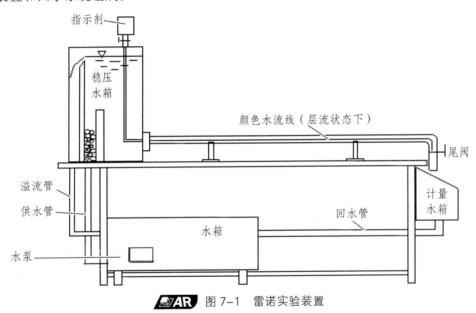

图 7-1 雷诺实验装置

3. 实验原理

（1）实际流体的流动会呈现出两种不同的形态：层流和紊流。它们的区别在于流动过程中流体层之间是否发生混掺现象。紊流流动存在随机变化的脉动量，而层流流动则没有，如图 7-2 所示。

（2）圆管中恒定流动的流态转化取决于雷诺数。雷诺根据大量实验资料，将影响流体流动状态的因素归纳成一个无因次数，称为雷诺数 Re，作为判别流体流动状态的准则。

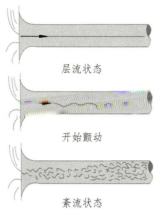

层流状态

开始颤动

紊流状态

图 7-2 三种流态示意图

$$Re = \frac{4Q}{\pi D \upsilon} = \frac{vd}{\upsilon} \qquad (7\text{-}1)$$

式中，Q 为流体断面平均流量，L/s；D 为圆管直径，cm；υ 为流体的运动黏度，m^2/s。v 为断面流速，m/s。

在本实验中，流体是水。水的运动黏度与温度的关系可用泊肃叶和斯托克斯提出的经验公式计算：

$$v = \{[0.585 \times 10^{-3} \times (T-12) - 0.033\,61] \times (T-12) + 1.235\,0\} \times 10^{-6} \qquad (7\text{-}2)$$

式中，υ 为水在 T°C 时的运动黏度，m^2/s，也可查附表 2 确定；T 为水的温度，°C。

（3）判别流体流动状态的关键因素是临界速度。临界速度随流体的黏度、密度以及流道的尺寸不同而改变。流体从层流向紊流过渡时的速度称为上临界流速，从紊流向层流过渡时的速度为下临界流速。

（4）圆管中定常流动的流态发生转化时对应的雷诺数称为临界雷诺数，对应于上、下临界速度的雷诺数，称为上临界雷诺数和下临界雷诺数。上临界雷诺数表示超过此雷诺数的流动必为紊流，它为不确定值，跨越一个较大的取值范围，而且极不稳定，只要稍有干扰，流态即发生变化。上临界雷诺数常随实验环境、流动的起始状态不同有所不同。更有实际意义的是下临界雷诺数，它表示低于此雷诺数的流动必为层流，有确定的取值。雷诺及后来的实验都得出，临界雷诺数稳定在 2 000 左右，其中以希勒（Schiller，1921 年）的实验值 $Re_c = 2\,300$ 得到公认。通常以它作为判别流动状态的准则，即

$Re < 2\,300$ 时，层流；$Re > 2\,300$ 时，紊流

该值是圆形光滑管或近于光滑管的数值，工程实际中一般取 $Re_c = 2\,000$。

（5）实际流体的流动之所以呈现出两种不同的形态是扰动因素与黏性稳定作用之间对比和抗衡的结果。针对圆管中定常流动的情况，容易理解：增大 D，减小 v，加大

υ三种途径都是有利于流动稳定的。综合起来看，小雷诺数流动趋于稳定，而大雷诺数流动稳定性差，容易发生紊流现象。

（6）由于两种流态的结构和动力特性存在很大的区别，对它们加以判别并分别讨论是十分必要的。圆管中恒定流动的流态为层流时，沿程水头损失与平均流速成正比，而紊流时则与平均流速的 1.75～2.0 次方成正比，如图 7-3 所示。

（7）通过对相同流量下圆管层流和紊流流动的断面流速分布做比较，可以看出层流流速分布呈旋转抛物面，而紊流流速分布则比较均匀，壁面流速梯度和切应力都比层流时大，如图 7-4 所示。

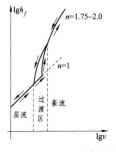 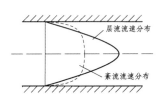

图 7-3　三种流态曲线　　　　　图 7-4　圆管断面流速分布

4. 实验步骤

（1）接通电源，开启水泵给水箱供水，水箱里的水开始溢流后，调整上水阀门，使水箱保存溢流并且水位恒定。

（2）打开尾阀至最大，排出实验管道中的气泡，然后关闭尾阀。

（3）轻轻打开尾阀，使管道通过小流量，待水流稳定后，再打开指示剂开关，使颜色水流入管道。慢慢调节尾阀，增大流量，流量稳定时，观察颜色水在管道中呈现状态，此时水流为层流。继续开大尾阀，当颜色水由直线变为弯曲、动荡，呈波浪状，此时水流为层流到紊流的过渡状态；继续开大尾阀，颜色水变成断续，并逐渐扩散，当微小涡体扩散到整个管道，此时为紊流流态。

（4）反向调节尾阀，控制流量从大到小变化，观察流态从紊流到层流的变化。

（5）观察过程中，从大到小（或从小到大）缓慢调整流量，用体积法测定稳定流态下的不同流量，测定雷诺数，一定要测出下临界雷诺数。

（6）实验完毕后，先关闭指示剂开关，然后关闭水泵，关闭电源，排空实验管道内的水后关尾阀。

5. 注意事项

（1）调整流量时，一定要慢，且要单方向调整（即从大到小或从小到大），不能忽大忽小。

（2）指示剂开关的开度要适当，不要过大或过小。

（3）判断临界流速时，一定要准确。

（4）不要振动水箱、水管，以免干扰水流。

（5）实验时一定要注意用电安全，做完实验，及时关闭水泵及电源。

6. 思考题

（1）为什么调整流量时，一定要慢，且单方向调整？

（2）要提高实验精度，应该注意哪些问题？

7. 实验记录

见"实验报告汇集"第 7 章雷诺实验中的记录表。

8 阀门局部阻力系数的测定

📎 1. 实验目的

（1）掌握管道阀门局部阻力系数 ζ 的测定方法。

（2）了解阻力系数在不同流态，不同雷诺数下的变化情况。

（3）测定阀门不同开启度时（全开、45°、60°这3种）的阻力系数 ζ。

（4）掌握三点法量测局部阻力系数的技能。

📎 2. 实验装置

系统实验装置如图8-1所示，由实验台、供水系统、实验管道、流量量测和回水系统等组成。

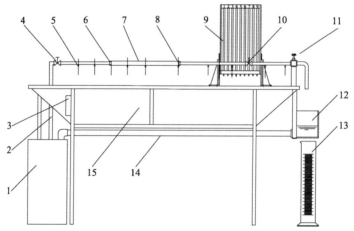

1—水箱；2—供水管；3—水泵开关；4—进水阀门；5—细管沿程阻力测试段；6—突扩；

7—粗管沿程阻力测试段；8—突缩；9—测压管；10—实验阀门；11—出水调节阀门；

12—计量箱；13—量筒；14—回水管；15—实验桌。

图8-1 阀门局部阻力系数测定实验装置

📎 3. 实验原理

如图8-2所示，对1—1、2—2两断面列能量方程式，可求得阀门的局部水头损失及 $3L$ 长度上的沿程水头损失，以 h_{w1} 表示，则

$$h_{w1} = \frac{p_1 - p_2}{\gamma} = \Delta h_1 \qquad\qquad (8\text{-}1)$$

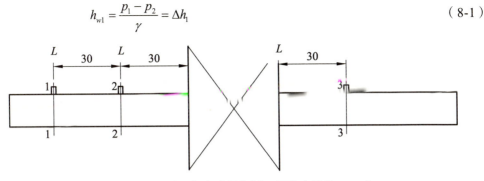

图 8-2　阀门的局部水头损失测压管段（单位：cm）

对 2—2、3—3 两断面列能量方程式，可求得阀门的局部水头损失及 $2L$ 长度上的沿程水头损失，以 h_{w2} 表示，则

$$h_{w2} = \frac{p_2 - p_3}{\gamma} = \Delta h_2 \qquad\qquad (8\text{-}2)$$

故阀门的局部水头损失 h_1 应为

$$h_1 = \Delta h_2 - 2\Delta h_1 \qquad\qquad (8\text{-}3)$$

亦即

$$\zeta \frac{v_2^2}{2g} = \Delta h_2 - 2\Delta h_1 \qquad\qquad (8\text{-}4)$$

故阀门的局部水头损失系数为

$$\zeta = (\Delta h_2 - 2\Delta h_1)\frac{2g}{v^2} \qquad\qquad (8\text{-}5)$$

式中，v 为管道的平均流速。

4. 实验步骤

（1）本实验共进行三组实验：阀门全开、开启 45°、开启 60°，每组实验做三个实验点。

（2）开启进水阀门，使压差达到测压计可量测的最大高度。

（3）测读压差，同时用体积法量测流量。

（4）实验完毕后，关闭水泵，关闭电源，排空实验管道内的水后关尾阀。

5. 注意事项

（1）每组三个实验点的压差值不要太接近。

（2）实验时一定要注意用电安全，做完实验，及时关闭水泵及电源。

6. 思考题

（1）同一开启度，不同流量下，ζ 值应为定值还是变值，为什么？

（2）不同开启度时，如把流量调至相等，ζ 值是否相等？

7. 实验记录

见"实验报告汇集"第 8 章阀门局部阻力的系数测定中的记录表。

9 孔口与管嘴出流实验

1. 实验目的

（1）学习、掌握孔口和管嘴出流的流速系数、流量系数、侧收缩系数、局部阻力系数的量测技能。

（2）分析管嘴的进口形状（直角和圆角）、管嘴类型（直管和锥管）对出流能力的影响。

2. 实验装置

实验装置及各部分名称如图 9-1 所示。在恒压水箱的箱壁上设置有薄壁孔口、直角及流线型进口圆柱形管嘴、圆锥形管嘴和测压管、测量标尺等各部件。直角进口圆柱管嘴上设有测量局部真空的装置，并设有防溅旋板，用于管嘴的转换操作。某管嘴实验结束时，将旋板旋至进口截断水流，再用橡皮塞封口。需开启时，用旋板挡水，再打开橡皮塞，可防水花四溅。在薄壁孔口出流收缩断面设置了可水平方向伸缩的移动触头，左右两个触头调节至射流流股外缘时，用螺丝固定，再用游标卡尺测量两触头的间距，即为射流收缩断面直径。

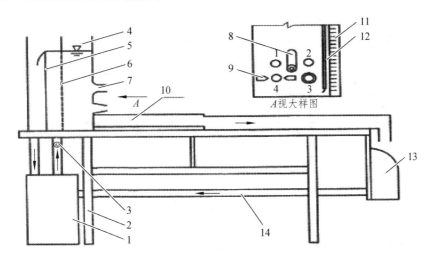

1—自循环供水器；2—实验台；3—供水阀；4—恒压水箱；5—溢流板；6—稳水孔板；

7—孔口或管嘴；8—防溅旋板；9—移动触头；10—上回水槽；11—标尺；

12—测压管；13—回流接水槽；14—下回水管。

AR 图 9-1 孔口与管嘴出流实验装置

3. 实验原理

流体经孔口流出的流动现象叫孔口出流，如图 9-2（a）所示。其出流条件可以是恒定或者变液位下的出流；可以直接流入空气，也可以流入同一介质的流体中。在孔口外周界上安装长度为孔口直径 3~4 倍的短管称为外管嘴。管嘴按形状可分为：流线形管嘴[见图 9-1（b）]、圆柱形管嘴[见图 9-2（c）]、圆锥形管嘴[见图 9-2（d）]。流体流经该短管，并在出口断面形成满管出流，这种流动现象称为管嘴出流。

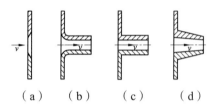

（a）　（b）　（c）　（d）

图 9-2　孔口与管嘴出流

在一定水头 H_0 作用下孔口（或管嘴）自由出流时的流量，可用下式计算：

$$Q = \varepsilon A\phi\sqrt{2gH_0} = \mu A\sqrt{2gH_0} \qquad\qquad (9\text{-}1)$$

式中，$H_0 = H + \dfrac{av_0^2}{2g}$，一般因行进流速水头 $\dfrac{av_0^2}{2g}$ 小可忽略不计，所以 $H_0 = H$；$\varepsilon = \dfrac{A_c}{A} = \dfrac{d_c^2}{d^2}$ 为收缩系数，孔口取 $\varepsilon = 0.63 \sim 0.64$，管嘴取 $\varepsilon = 1.0$；A_c, d_c 为孔口（或管嘴）断面面积、直径；$\varphi = \dfrac{1}{\sqrt{\alpha + \xi}} = \dfrac{\mu}{\varepsilon}$ 为流速系数，孔口取 $\varphi = 0.97 \sim 0.98$，圆柱形外管嘴取 $\varphi = 0.82$；$\mu = \varepsilon\varphi = \dfrac{Q}{A\sqrt{2gH}}$ 为流量系数，孔口取 $\mu = 0.60 \sim 0.62$，圆柱形外管嘴取 $\mu = 0.82$；$\xi = \dfrac{1}{\varphi^2} - \alpha$ 为局部阻力系数，孔口取 $\xi = 0.04 \sim 0.06$，圆柱形外管嘴取 $\xi = 0.5$。

根据理论分析，圆柱形外管嘴收缩断面处的真空度为 $h_0 = \dfrac{p_v}{\rho g} = 0.75H$。

实验时，只要测出孔口及管嘴的直径和收缩断面直径，读出作用水头 H，测出流量，就可测定、验证上述各系数。

4. 实验步骤

（1）熟悉实验装置及原理，记录有关常数。

（2）将各孔口管嘴用橡皮塞塞紧，打开调速器开关，恒压水箱充水，并保持溢流，排除测压管中的气柱，此时测压管中液面应与水箱液面高程相同。

（3）打开 1# 流线形管嘴，待水面稳定后，观察记录出流流股的形态，测记水箱水

面高程 H，用体积法（或质量法）测定流量 Q。要求重复测三次，时间尽量长些，以求准确。

（4）旋动防溅板旋钮，将 1# 管嘴进口盖好，再塞紧橡皮塞。

（5）打开 2# 直角进口管嘴，同步骤（3），观察流股形态，量测流量 Q、水位 H；此时可观测到测压管中水柱迅速降低，通过测压管和标尺量测其真空度 $h_v[h_v=(0.6\sim0.7)H]$，说明直角进口管嘴在进口处产生较大的真空。

（6）旋动防溅板旋钮，将 2# 管嘴盖好、塞紧打开 3# 圆锥形收缩管嘴，同步骤（3），观察流股形态，测定 H 及 Q。

（7）旋动防溅板旋钮，盖住塞紧 3# 管嘴，打开 4# 薄壁孔口，观察孔口出流现象、射流流股形态，测定 H 及 Q。

（8）微动流股两侧的移动触头，在触头尖缘刚刚接触流股表面时固定住。将防溅板盖住后用游标卡尺量测两触头间距，即收缩断面的直径（重复测量三次）。

（9）实验结束后，关闭水泵开关，拔下电源插头，将滑动直尺等配套实验工具归放原位，倒出上回水槽中余水，擦干实验台和附近地面上的水迹。

5. 注意事项

（1）实验次序应先管嘴后孔口，每次塞橡皮塞前，先用旋板将进口盖好，以免水花溅开，旋板的旋转方向应由内向外，否则水易溅出。

（2）实验时将旋板置于不工作的孔口或管嘴上，尽量减少旋板对工作孔口、管嘴的干扰。

（3）注意观察各种出流的流股形态，做好记录。

（4）实验结束，关好水电。

6. 思考题

结合实验中观测到的不同类型管嘴与孔口出流的流股特征，分析流量系数不同的原因及增大过流能力的途径。

7. 实验记录

见"实验报告汇集"第 9 章孔口与管嘴实验中的记录表。

10　渗流实验

1. 实验目的

测定土的渗透系数。

2. 实验原理

土孔隙中的自由水在重力作用下发生运动的现象，称为土的渗透性，用渗透系数表示它的大小。一般地，对于中砂、细砂、粉砂，渗透规律符合达西定律，用公式（10-1）表示；对于粗砂、砾石、卵石等粗颗粒土，渗透规律就不适合用达西定律。在黏土中，土颗粒周围存在着结合水，其自由水的渗流受到结合水的黏滞作用产生很大阻力，只有克服结合水的抗剪强度后才能开始渗流，故黏土中的渗透规律要用修正后的达西定律，用公式（10-2）表示。

$$v = kI \tag{10-1}$$

$$v = k(I - I_0) \tag{10-2}$$

式中，v 为渗透速度，m/s；k 为渗透系数，m/s；I 为水头梯度，即沿着水流方向单位长度的水头差；I_0 为初始水头梯度。

土的渗透系数的变化范围很大，从 10^{-8} 到 10^{-1} cm/s。不同的土采用不同的方法测定，粗粒土（砂质土）采用常水头渗透实验，细粒土（黏质土和粉质土）采用变水头渗透实验测定。

3. 方法一　变水头渗透实验

1）实验装置

（1）渗透容器由环刀、透水石、套环、上盖和下盖组成，如图 10-1 所示。

（2）变水头装置由渗透仪器、变水头管、供水瓶、进水管等组成，如图 10-2 所示。变水头管的内径应均匀，管径不大于 1 cm，管外壁应有最小分度值为 1.0 mm 的刻度，长度为 2.0 m 左右。

（3）其他：切土刀，钢丝锯，秒表，温度计（刻度 0～50℃，精度 0.5℃），凡士林等。

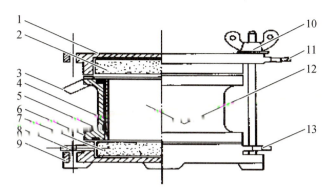

1—上盖；2—透水石；3—橡皮圈；4—环刀；5—盛土筒；6—橡皮圈；7—透水石；
8—进水口；9—下盖；10—固定螺杆；11—出水口；12—试样；13—排气口。

图 10-1　渗透容器

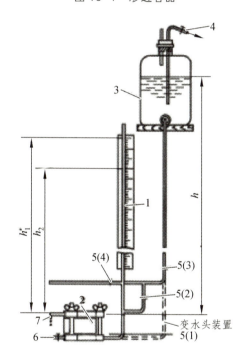

1—变水头管；2—渗透容器；3—供水瓶；4—接水源管；5—进水管夹；
6—排气管；7—出水口。

图 10-2　变水头渗透装置

2）操作步骤

（1）用渗透仪内的环刀切取土样，测定试样的含水率和密度。

（2）将装有试样的环刀装入渗透容器，用螺母拧紧，要求密封至不漏水、不漏气。对不易透水的试样，进行抽气饱和；对饱和试样和较易透水的试样，直接用变水头装置的水头进行饱和。

（3）将渗透容器的进水口与变水头管连接，利用供水瓶中的纯水向进水管注满水，并渗入渗透容器，开排气阀，将容器侧立，排除渗透容器底部的空气，直至溢出水中无气泡，关排水阀，放平渗透容器，关进水阀。

（4）向变水头管注纯水，使水升至预定高度，水头高度根据试样结构的疏松程度，一般不应大于 2 m，待水位稳定后切断水源，开进水管夹，使水通过试样，当出水口有水溢出时，即可认为试样已达到饱和。开动秒表，记录水头 H_1 及时间 t_1，经时间 t 后，再测记 H_2 及 t_2，并测记出水口的水温。

（5）将变水头管中的水位变换高度，待水位稳定再进行测记水头和时间变化，重复实验 6~7 次，当不同开始水头下测定的渗透系数在允许差值范围内时，结束实验。

（6）数据整理

① 变水头渗透系数计算如下：

$$k_T = 2.3 \frac{aL}{A(t_2 - t_1)} \lg \frac{H_1}{H_2} \qquad (10\text{-}3)$$

式中，k_T 为水温为 $T℃$ 时的试样的渗透系数，cm/s；a 为变水头管的断面面积，cm^2；2.3 为 ln 和 lg 的变换系数；L 为渗径，即试样高度，cm；A 为试样的断面面积，cm^2；t_1、t_2 为分别为测读水头的起始和终止时间，s；H_1、H_2 为起始和终止水头。

② 标准温度下的渗透系数为

$$k_{20} = \frac{\eta_T}{\eta_{20}} \qquad (10\text{-}4)$$

式中，η_T 为 $T℃$ 时水的动力黏滞系数，kPa·s；η_{20} 为 20℃水的动力黏滞系数，kPa·s。

4. 方法二　常水头渗透实验

1）实验装置

（1）常水头渗透装置，由金属封底圆筒、金属孔板、滤网、测压管和供水瓶组成，如图 10-3 所示。金属圆筒内径为 10 cm，高 40 cm。使用其他尺寸的圆筒时，圆筒的内径应大于试样最大粒径的 10 倍。

（2）其他：木锤，秒表，温度计（刻度 0~50℃，精度 0.5℃）等。

2）操作步骤

（1）装好仪器，量测滤网（金属孔板上）至筒顶的高度，将调节管和供水管相连，从渗水孔向圆筒充水至高出滤网顶面。

（2）取具有代表性的风干土样 3~4 kg，准确至 1.0 g，测定其风干含水率。将风干土样分层装入圆筒内，每层 2~3 cm，用木锤轻轻击实到一定厚度，以达到要求的孔隙比。试样中含黏粒时，应在滤网上铺 2 cm 厚的粗砂作为过滤层，防止细粒流失。

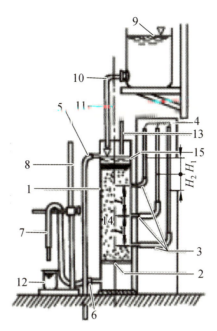

1—封底金属圆筒；2—金属孔板；3—测压孔；4—玻璃测压管；5—溢水孔；6—渗水孔；
7—调节管；8—滑动支架；9—容量为 500mL 的供水瓶；10—供水管；11—止水夹；
12—容量为 500mL 的量筒；13—温度计；14—试样；15—砾石层。

AR 图 10-3 常水头渗透仪

（3）每层试样装完后，连接供水管和调节管，并由调节管中进水，微开止水夹，使试样逐渐饱和。当水面与试样顶面齐平，关止水夹。饱和时水流不应过急，以免冲动试样。

（4）按上述步骤逐层装试样，最后一层试样应高出测压管 3～4 cm，并在试样顶面铺 2 cm 砾石作为缓冲层，水面高出试样顶面时，应继续充水至溢水孔有水溢出。

（5）量试样顶面至筒顶高度，计算试样高度，称剩余土样的质量（准确至 1.0 g），计算试样质量。

（6）静置数分钟后，检查测压管水位，若测压管与溢水孔水位不平时，则说明试样中或测压管接头处有集气阻隔，用吸球调整测压管水位，直至两者水位齐平。

（7）将调节管提高至溢水孔以上，将供水管放入圆筒内，开止水夹，使水由顶部注入圆筒，降低调节管至试样上部 1/3 高度处，形成水位差使水渗入试样，经过调节管流出。调节供水管止水夹，使进入圆筒的水量多于溢出的水量，溢出孔始终有水溢出，保持圆筒内水位不变，试样处于常水头下渗透。

（8）测压管水位稳定后，测记测压管水位，并计算各测压管之间的水位差。按规定时间记录渗出水量，接取渗出水量时，调节管口不得浸入水中。测量进水和出水处的水温，取平均值。

（9）降低调节管管口至试样的中部和下部 1/3 处，按步骤（7）、（8）重复测定渗出水量和水温，当不同水力坡度下测定的数据接近时，结束实验。

（10）根据需要，改变试样的孔隙比，继续实验。

（11）数据处理

① 计算试样的干密度和孔隙比：

$$m_d = \frac{m}{1+0.01w} \tag{10-5}$$

$$\rho_d = \frac{m_d}{Ah} \tag{10-6}$$

$$e = \frac{\rho_w G_s}{\rho_d} - 1 \tag{10-7}$$

式中，m_d 为试样干质量，g；m 为风干试样总质量，g；w 为风干含水率，%；A 为试样断面积，cm^2；h 为试样高度，cm；e 为试样孔隙比；ρ_w 为水 4℃的密度；G_s 为土粒相对密度。

② 常水头渗透系数计算为

$$k_T = \frac{QL}{AHt} \tag{10-8}$$

式中，k_T 为水温为 T℃时的试样的渗透系数，cm/s；Q 为时间 t 秒内的渗出水量，cm^3；L 为渗径，即试样高度，cm；A 为试样的断面积，cm^2；t 为时间，s；H 为平均水位差，cm，可按（H_1+H_2）/2 计算。

③ 标准温度下的渗透系数按式（10-4）计算。

5. 注意事项

（1）实验中要求用无气水，最好用实际作用于土中的天然水，但这一点很难做到。要求用脱气的纯水，水温应高于试样的温度 3~4℃，避免低温的水进入较高温度的试样时，水将因温度升高而分解出气泡，以至堵塞孔隙。

（2）因为试样的饱和度越小，土的孔隙内残留气体越多，使土的有效渗透面积减小，同时，由于气体因孔隙水压力的变化而胀缩，使饱和度的影响成为一个不确定的因素，为了保证实验的精度，实验前一定要将试样饱和。

（3）一个试样至少连续测定 6~7 次，计算 3~4 个允许差值不大于 2×10^{-n} 的数据的平均值，作为试样在该孔隙比下的渗透系数。

（4）土的渗透性是水流通过土孔隙的能力，土的孔隙大小决定了渗透系数的大小，测定渗透系数时，必须说明相适应的土的密度状态。

6. 思考题

（1）变水头渗透实验和常水头渗透实验各适应什么条件下的土样测量渗透系数？

（2）影响渗透系数的测定结果准确性的因素有哪些？如何提高实验的精度？

（3）不同流量下渗透系数指标是否相同？为什么？

7. 实验记录

见"实验报告汇集"第 10 章渗流实验中的记录表。

11 数据处理

由于实验方法和实验设备的不完善，周围环境的影响，实验人员的观察力及其对实验设备操作水平等限制，实验量测值和真值之间总是存在一定的差异，在数值上即表现为误差。为了提高实验的精度，缩小实验量测值和真值之间的区别，需要对实验数据误差进行分析和校准，正确处理数据。

实验数据误差分析并不是既成事实的消极措施，而是给研究人员提高参与科学实验的积极武器，通过误差分析，可以认清误差的来源和影响，使我们有可能预先确定导致实验总误差的最大组成因素，并设法排除数据中所包含的无效成分，进一步改进实验方案。误差分析也可提醒我们注意主要误差来源，精准设计实验方案，准确操作，使实验数据的量测准确性得到提高。

1. 误差及不确定度

（1）真值与近似值。

对某一物理量进行量测，其目的是获得该物理量的真值。但是真值是指在一定条件下某物理量的实际值。这个实际值是一个理想的概念，一般是不知道的。因此任何一个量测值，受仪器、环境、人员、方法等各种因素的影响，误差总是存在的，即使使用最准确的仪器并进行非常细心的量测，其结果也永远不会是某物理量的真值，只能是它的近似值。误差是指真值和近似值之差，即

$$误差=近似值-真值$$

（2）误差的种类。

按误差产生的原因，可分为下列三种。

① 过失误差，又叫粗差，这种误差是由于工作人员粗枝大叶的工作作风所引起，如读错数字，对错标志，写错、标错等。

这类误差明显地歪曲测定结果，是由测定过程中犯了不应有的错误造成的。例如，标准溶液超过保存期，浓度或价态已经发生变化而仍在使用；器皿不清洁；不严格按照分析步骤或不准确地按分析方法进行操作；弄错试剂或吸管；试剂加入过量或不足；操作过程当中试样受到大量损失或污染；仪器出现异常未被发现；读数、记录及计算错误等，这些都会产生误差。再如在统计调查中，汇总、计算等过程中的过失也会造成过失误差。过失误差无一定的规律可循，基本上是可以避免的。过失误差在测量中是不允许存在的，一旦有了过失误差，应该舍弃有关数据重新量测。另外，消除过失误差的关键，在于实验分析人员必须养成专心、认真、细致的良好工作习惯，不断提

高理论和操作技术水平。

② 系统误差，又称可测误差，主要是由于实验方法、所用仪器设备、试剂、实验条件的控制以及实验操作者本身的一些主观因素或操作习惯造成的误差，如量测工具不准确，30 m 长的卷尺比标准长度长 1 cm，这样每测量 30 m 长，就比实际长度少 1 cm。这种误差的特点，表现为多次测定中会重复出现；所有测定值都偏高或偏低，即方向的一致性；由于误差来源于某一个固定的原因，因此随着量测次数的增加而累积，或者数值保持常数。消除这种误差的方法，是将仪器工具进行认真检查和校正，同时在量测中采用合适的量测方法，使存在的误差可以相互抵消。

③ 偶然误差，又称随机误差或未定误差，这种误差是由一些偶然的原因造成的，如实验时环境温度变化、气压的微小变化、风力大小变化等，都可能造成误差。实验时无法知道其发生的原因，因此事先无法防止，事后也不能完全消除，每次实验的结果中都可能存在，在反复实验过程中，出现的大小和方向各不相同。偶然误差具有下列特性：

a. 绝对值小的误差比绝对值大的误差发生的概率多；

b. 绝对值相同的正误差和负误差出现的概率相等；

c. 在一定的条件下进行量测，偶然误差的绝对值不会超过一定的限度。

对同一物理量进行等精度量测时，其偶然误差的算术平均值随着测量次数的无限增加而趋于零。根据偶然误差的特性，我们可以知道，为了减少偶然误差，除改善量测工具和量测方法外，主要是增加量测次数，使不同大小和方向的偶然误差相互抵消，并从中找出一个最佳值，作为被量测物理量的近似值。

（3）误差的主要来源。

通常认为，误差有以下五个主要来源。

① 理论误差——对被量测的理论认识不足或所依据的量测原理不完善引起的误差。

② 方法误差——量测方法不十分完备，特别是忽略和简化等引起的误差。

③ 器具误差——量测器具本身的结构、工艺、调整以及磨损、老化或故障等引起的误差。

④ 环境误差——量测环境的各种条件，如温度、湿度、气压、电场、磁场与振动等起的误差。

⑤ 人员误差——由观测者的主观因素和实际操作，如个性、生理特点或习惯、技术水平以及失误等引起的误差。

另外，由于被量测的定义不完善，以及量测的样本（抽样）不能代表所定义的被量测，亦可能引起相应的误差。不过，在一般的量测工作中，通常对此不考虑。

2. 平均值

我们在对某物理量进行量测时，由于仪器工具的误差以及其他未知的原因，对同一物量的多次量测，得不到相同的结果，这是经常出现的现象。为了减少这类现象的影响，除改善仪器工具外，常用的方法是增加量测次数，从中求出平均值作为近似真值，或称最佳值。常用的平均值有下列几种。

1）算术平均值

设在等精度的几次量测中，测得一组近似值为 x_1, x_2, $\cdots$, x_n，当然我们不可能从 n 中求得真值，但是可以用最小二乘法原理证明，在一组等精度量测中，算术平均值为主值，或者是最可信赖的近似值。算术平均值的算式为

$$\overline{x} = \frac{x_1 + x_2 + \cdots + x_n}{n} = \frac{\sum\limits_{i=1}^{n} x_i}{n} \tag{11-1}$$

2）加权平均值

在量测工作中，有时对某一物理量使用不同的仪器进行量测，或者由不同的人员进行量测，或者用不同的方法进行量测等，这样的量测称为非等精度量测，其结果就有不同的可靠程度。在计算平均值时，对比较可靠的量测值，应赋予较大的权数（权数是反应量测结果可靠程度的一个数），这样算出的平均值，称为加权平均值，如设一非等精量为 x_1, x_2, $\cdots$, x_n 其权数分别为 p_1, p_2, $\cdots$, p_n，则加权平均值为

$$\overline{x}_{权} = \frac{p_1 x_1 + p_2 x_2 + \cdots + p_n x_n}{p_1 + p_2 + \cdots + p_n} \tag{11-2}$$

3）均方根平均值

均方根平均值是以测得一组近似数 $x_1, x_1, \cdots, x_n$ 的平方的平均值再开方表示的平均值，即

$$\overline{x}_{均方根} = \sqrt{\frac{x_1^2 + x_2^2 + \cdots + x_n^2}{n}} = \sqrt{\frac{\sum\limits_{i=1}^{n} x_i^2}{n}} \tag{11-3}$$

4）几何平均值

将一组量测近似值 $x_1, x_1, \cdots, x_n$，连乘，再开 n 次方求得平均值，即

$$\overline{x}_{几何} = \sqrt[n]{x_1 \times x_2 \times \cdots \times x_n} \tag{11-4}$$

3. 绝对误差与相对误差

为了说明近似数的准确程度，引入绝对误差和相对误差的概念。

1）绝对误差

设某一个被量测的物理量的真值为 A，通过量测得近似值为 a，则近似值和真值之间的差为 Δ，称为绝对误差，即 $\Delta = a - A$。但实际上对某物理量进行量测时，并不知

道它的真值，绝对误差也是不知道的，所以绝对误差是一个完全假想的数。由误差理论知道，对于等精度的量测，在排除系统误差的前提下，当量测次数无限多时，量测结果的算术平均值 $\bar{x} = \dfrac{\sum\limits_{i=1}^{n} x_i}{n}$ 近似于真值，可将它视为被测物理量的真值。但是在量测次数有限和系统误差不可能完全排除的情况下，通常只能将更高一级的标准仪器所测得的真值当作"真值"，为了区别真正的真值，把这个"真值"称为实际值，以 $x_{实}$ 表示，所以真值常用实际值代替，即

$$\Delta = a - A_{实} \tag{11-5}$$

2）相对误差

绝对误差是一个以被量测的单位表示的绝对量，不能作为不同量的同类仪器和不同仪器之间量测精度的比较。例如量测 1 m 长度时产生 1 cm 的误差，在量测 5 m 长度时，也产生 1 cm 误差，虽然绝对误差是相同的，但是它们的精确度显然是不同的，前者误差占全长的 1%，后者误差占全长的 0.2%，可见后一种量测的精度是比较高的。因此要决定一个量测的精确度，除了看绝对误差的大小之外，还必须将绝对误差与这个量本身的大小加以比较，这种衡量近似值准确度的量叫作相对误差，以 R 表示，由于一个量的真值是未知的，所以相对误差 R 也只能是绝对误差 Δ 与被量测的实际值 $x_{实}$ 的比值，即

$$R = \frac{\Delta}{x_{实}} \tag{11-6}$$

有时把相对误差乘以 100%表示成百分误差。

4. 误差估算

1）算术平均误差

某物理量的 n 次量测中，各次绝对误差的绝对值的算术平均值，叫作算术平均误差，以 $\bar{\Delta}$ 表示，设 $\Delta_1, \Delta_2, \cdots, \Delta_n$ 为 n 次量测值的绝对误差，则

$$\bar{\Delta} = \frac{|\Delta_1| + |\Delta_2| + \cdots + |\Delta_n|}{n} = \frac{\sum\limits_{i=1}^{n} |\Delta_i|}{n} \tag{11-7}$$

$|\Delta_i|$ 是量测值与平均值的绝对误差（又称偏差），即 $\Delta_i = x_i - \bar{x}$。采用绝对值是避免正误差和负误差相互抵消。算术平均误差虽然计算简单，但是它有一个显著的缺点：不能鲜明地反映出量测数列中存在较大误差的影响 $R = \dfrac{\Delta}{x_{实}}$。

如以下两个数列的绝对误差：

$$\overline{\Delta_1} = \frac{3+2+3+4+0+1+3+4}{8} = 2.5$$

$$\overline{\Delta_2} = \frac{6+2+1+1+7+0+1+2}{8} = 2.5$$

不能认为这两个量测数列具有相同的精确度，因为在第二个量测数列中含有两个较大的误差（6 和 7），其精度虽然低于第一个量测数列，但通常不用算术平均误差来判别量测数列的精度。当然在要求不高的计算中仍可应用。

2）均方根误差（标准误差）

为了消除算术平均误差的缺点，在实际量测中广泛应用各个量测值误差平方的算术平均值，然后再开方，称为均方根误差（以 σ 表示），作为判别量测数列精度的标准。即

$$\sigma = \sqrt{\frac{\Delta_1^2 + \Delta_2^2 + \cdots + \Delta_n^2}{n}} = \sqrt{\frac{\sum_{i=1}^{n} \Delta_i^2}{n}} \qquad (11\text{-}8)$$

在有限次的量测中，均方根误差常用贝塞尔（Bessel）公式计算。

$$\sigma = \sqrt{\frac{\sum_{i=1}^{n} \Delta_i^2}{n-1}} = \sqrt{\frac{\sum_{i=1}^{n} (x_i - \overline{x})^2}{n-1}} \qquad (11\text{-}9)$$

由此可见，采用均方根误差，不但避免正、负误差的相互抵消作用，而且较大的误差在平方后显得更大，能够明显地反映出误差的精度，所以在实际量测中得到广泛的应用。

3）相对均方根误差

均方根误差是一个与量测值具有相同单位的绝对数，在实际量测中已满足判定一组量测值精度的要求，但是它不能用于比较两组量测值的精确程度，为了使两组量测值的精度可以比较，需将均方根误差由绝对数化为相对数，即用均方根误差。均方根误差 σ 与真值 A 之比来进行比较，但真值 A 是不知道，所以实际量测中与量测数列的算术平均值 $\overline{x}$ 之比来代替，称为相对均方根误差，以 R' 表示，即

$$R' = \frac{\sigma}{\overline{x}} \times 100\% \qquad (11\text{-}10)$$

例如下列两组量测数列：

第一组为 15，10，5；第二组为 105，100，95。

第一组算术平均值 $\overline{x}_1 = 10$，第二组算术平均值 $\overline{x}_2 = 100$，经计算，两组具有相同的均方根误差，$\sigma_1 = \sigma_2 = 5$，其相对均方根误差为

$$R_1' = \frac{\sigma_1}{\overline{x_1}} \times 100\% = \frac{5}{10} \times 100\% = 50\%$$

$$R_2' = \frac{\sigma_2}{\overline{x_2}} \times 100\% = \frac{5}{100} \times 100\% = 5\%$$

可见第二组的精度高于第一组。

附　表

附表 1　工程流体力学中常用物理量的量纲及单位

物理量名称及符号	方程式	量　纲		SI 单位制
		[L-M-T]系统	[L-F-T]系统	
1. 几何学的量				
长度(L)		L	L	m(米)
面积(A)		L^2	L^2	m^2(米^2)
体积(V)		L^3	L^3	m^3(米^3)
坡度(J)				
2. 运动学的量				
时间(t)		T	T	S(秒)
速度(v)	$v=\mathrm{d}L/\mathrm{d}t$	LT^{-1}	LT^{-1}	m/s(米/秒)
加速度(a)	$a=\mathrm{d}v/\mathrm{d}t$	LT^{-2}	LT^{-2}	m/s^2(米/秒^2)
角速度(ω)	$\omega=\mathrm{d}\theta/\mathrm{d}t$	T^{-1}	T^{-1}	1/s(1/秒)
角加速度($\dot{\omega}$)	$\omega=\mathrm{d}\omega/\mathrm{d}t$	T^{-2}	T^{-2}	$1/s^2$(1/秒^2)
流量(Q)	$Q=Av$	L^3T^{-1}	L^3T^{-1}	m^3/s(米^3/秒)
3. 动力学的量				
质量(m)				kg(千克)
力(F)	$F=ma$	M	FT^2L^{-1}	N(牛)
压强(p)	$p=F/A$	MLT^{-2}	F	Pa(帕)(1 Pa=1 N/m^2)
切应力(τ)	$\tau=F/A$	$ML^{-1}T^{-2}$	FL^{-2}	Pa(帕)(1 Pa=1 N/m^2)
动量、冲量(K, I)	$K=mv, I=Ft$	$ML^{-1}T^{-2}$	FL^{-2}	kg·m/s(千克·米/秒)
功、能(W, E)	$W=Fl$	MLT	FT	J(焦尔)(1 J=1 N·m)
	$E=1/2mv^2$	ML^2T^{-2}	FL	W(瓦)(1 W=1 J/s)
功率(N)	$N=W/t$	ML^2T^{-3}	FLT^{-1}	
4. 流体的特征量				m^3(米^3)
密度(ρ)	$\rho=m/V$	ML^{-3}	$FL^{-4}T^2$	kg/m^3(千克/米^3)
重度(γ)	$\gamma=W/V$	$ML^{-2}T^{-2}$	FL^{-3}	N/m^3(牛/米^3)
动力黏滞系数(μ)	$\mu=\tau/(\mathrm{d}u/\mathrm{d}y)$	$ML^{-1}T^{-1}$	$FL^{-2}T$	Pa·s(米^2/秒)
运动黏滞系数(v)	$v=\mu/\rho$	L^2T^{-1}	L^2T^{-1}	m^2/s(米^2/秒)
表面张力系数(σ)	$\sigma=F/L$	MT^{-2}	FL^{-1}	N/m(牛/米)
弹性系数(E)	$E=-\mathrm{d}p/(\mathrm{d}V/V)$	$ML^{-1}T^{-2}$	FL^{-2}	Pa(帕)

附表 2　不同温度下水的物理性质

温度/°C	重度/ $\gamma/(kN/m^3)$	密度/ (kg/m^3)	黏滞系数 $\mu/(10^{-3}\cdot s/m^2)$	运动黏滞系数 $v(10^{-6}m^2/s)$	体积弹性系数 $/(10^9 N/m^2)$	表面张力系数 $\sigma/(N/m)$
0	9.805	999.9	1.781	1.785	2.02	0.075 6
5	9.807	1 000.9	1.518	1.519	2.06	0.074 9
10	9.804	999.7	1.307	1.306	2.10	0.074 2
15	9.798	999.1	1.139	1.139	2.15	0.073 5
20	9.789	998.2	1.002	1.003	2.18	0.072 8
25	9.777	997.0	0.890	0.893	2.22	0.072 0
30	9.764	995.7	0.798	0.800	2.25	0.071 2
40	9.730	992.2	0.653	0.658	2.28	0.069 6
50	9.689	988.0	0.547	0.553	2.29	0.067 9
60	9.642	983.2	0.466	0.474	2.28	0.066 2
70	9.589	977.8	0.404	0.413	2.25	0.064 4
80	9.530	971.8	0.354	0.364	2.20	0.062 6
90	9.466	965.3	0.315	0.326	2.14	0.060 8
100	9.399	958.4	0.282	0.294	2.07	0.058 9

附表 3　管道的局部水头损失系数 ζ 值

应用公式 $h_f = \zeta \dfrac{v^2}{2g}$ 在本表中注明。如不用此公式图中另有注明。

名称	简　图		ζ
进口	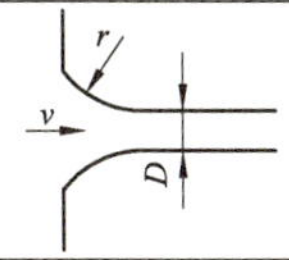	完全修圆 $\dfrac{r}{D} \geqslant 0.15$	0.10
		稍加修圆	0.20 ~ 0.25
	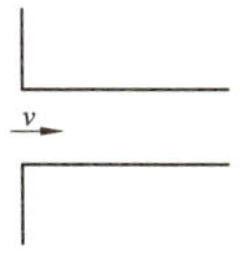	不加修圆的直角进口	0.05
	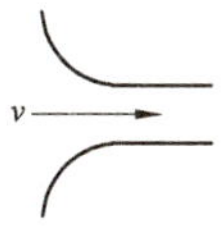	圆形喇叭口	0.50
	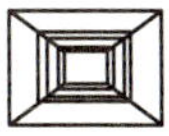	方形喇叭口	0.16
	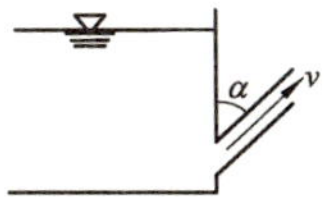	斜角进口	$0.5 + 0.3\cos\alpha + 0.2\cos^2\alpha$

名称	简 图		ζ					
闸门槽		平板门槽（闸门全开）	0.20～0.40					
		弧形闸门门槽	0.20					
断面突然扩大			$\zeta_1=\left(1-\dfrac{A_1}{A_2}\right)^2$，用 v_1　　$\zeta_1=\left(\dfrac{A_2}{A_1}-1\right)^2$，用 v_2					
断面突然缩小			$\zeta=0.5\left(1-\dfrac{A_2}{A_1}\right)$，用 v_2					

断面逐渐扩大	$\zeta=k\left(\dfrac{A_2}{A_1}-1\right)^2$，用 v_2	θ^0	8	10	12	15	20	25
		k	0.14	0.16	0.22	0.30	0.42	0.62

断面逐渐缩小	$\zeta=k_1\left(\dfrac{1}{k_2}-1\right)^2$，用 v_2	θ^0	10	20	40	60	80	100	140
		k_1	0.40	0.25	0.20	0.20	0.30	0.40	0.60
		A_2/A_1		0.1	0.3	0.5	0.7	0.9	
		k_2		0.40	0.36	0.30	0.20	0.10	

折管		圆形	a	10	20	30	40	50	60	70	80	90
			ζ_{be}	0.04	0.1	0.2	0.3	0.4	0.55	0.7	0.9	1.1
		矩形	a	15		30		45		60		90
			ζ	0.025		0.11		0.26		0.49		1.20

弯管		d/R	0.2	0.4	0.6	0.8	1.0
		ζ_{b1}	0.132	0.133	0.158	0.206	0.294
		d/R	1.2	1.4	1.6	1.8	2.0
		ζ_{b1}	0.440	0.660	0.976	1.406	1.975

附表 4　大孔口的流量系数 μ 值

孔　口　种　类		μ
小型孔口	完全收缩	0.60
中型孔口	射流各方面均有收缩，无导流壁	0.65
大型孔口	收缩不完善，但各方面均收缩趋近水流的条件则达得不太精确	0.70
底部孔口	侧收缩影响很大（底部完全没有收缩）	0.65 ~ 0.70
底部孔口	侧收缩影响适度	0.70 ~ 0.75
底部孔口	各侧来水匀缓	0.80 ~ 0.85
各侧向趋近极匀缓的底部孔口		0.90

附表 5　土壤的渗透系数 k 值

土　名	渗透系数 k	
	m/d	cm/s
黏土	<0.005	$<6 \times 10^{-5}$
亚黏土	0.005 ~ 0.1	$6 \times 10^{-5} \sim 1 \times 10^{-4}$
轻亚黏土	0.1~0.5	$1 \times 10^{-4} \sim 6 \times 10^{-4}$
黄土	0.25 ~ 0.5	$3 \times 10^{-4} \sim 6 \times 10^{-4}$
粉砂	0.5 ~ 1.0	$6 \times 10^{-4} \sim 1 \times 10^{-3}$
细砂	1.0 ~ 5.0	$1 \times 10^{-3} \sim 6 \times 10^{-3}$
中砂	5.0 ~ 20.0	$6 \times 10^{-3} \sim 2 \times 10^{-2}$
均质中砂	35 ~ 50	$4 \times 10^{-2} \sim 6 \times 10^{-2}$
粗砂	20 ~ 50	$2 \times 10^{-2} \sim 6 \times 10^{-2}$
均质粗砂	60 ~ 75	$7 \times 10^{-2} \sim 8 \times 10^{-2}$
圆砾	50 ~ 100	$6 \times 10^{-2} \sim 1 \times 10^{-2}$
卵石	100 ~ 500	$1 \times 10^{-1} \sim 6 \times 10^{-1}$
无填充物卵石	500 ~ 1 000	$6 \times 10^{-1} \sim 1 \times 10$
稍有裂痕岩石	20 ~ 60	$2 \times 10^{-2} \sim 7 \times 10^{-2}$
裂痕多的岩石	>60	$>7 \times 10^{-2}$

参考文献

[1] 张艳杰，李家春. 水力学实验[M]. 北京：国防工业出版社，2012.

[2] 贺五洲，陈嘉范，李春华. 水力学实验[M]. 北京：清华大学出版社，2004.

[3] 陈艳霞，高建勇，钱波. 水力学实验[M]. 北京：中国水利水电出版社，2012.

[4] 尚全夫，崔莉，王庆国. 水力学实验教程[M]. 大连：大连理工大学出版社，2007.

[5] 奚斌. 水力学（工程流体力学）实验教程[M]. 北京：中国水利水电出版社，2013.

[6] 莫乃榕. 工程力学实验(工程流体力学实验)[M]. 武汉：华中科技大学出版社，2008.

[7] 韦未，胡威. 流体力学实验[M]. 北京：科学出版社，2017.

[8] 王英，谢晓晴，李海英，流体力学实验[M]. 长沙：中南大学出版社，2005.

[9] 闻建龙. 流体力学实验[M]. 镇江：江苏大学出版社，2019.

[10] 俞永辉，张桂兰. 流体力学和水力学实验[M]. 上海：同济大学出版社，2003.

流体力学实验报告汇集

1 沿程水头损失实验

表 R1-1　实验数据记录表

管径 $d=$ 　　 cm 　　　　 实验段长度 $L=$ 　　 cm

水温 $T=$ 　　 ℃ 　　　　 水的运动黏滞系数 $\upsilon=$ 　　 cm²/s

测次	体积 V/cm^3	时间 t/s	流量 Q （ cm^3/s ）	流速 $\upsilon/$ （ cm/s ）	测压管		水头损失 h_f/cm	雷诺数 Re	沿程水头损失系数 λ
					h_1/cm	h_2/cm			
1									
2									
3									
4									
5									
6									
7									
8									
9									
10									

表 R1-2　绘图数据计算表

测次	$\lg h_f$	$\lg \upsilon$	$\lg \lambda$	$\lg Re$
1				
2				
3				
4				
5				
6				
7				
8				
9				
10				

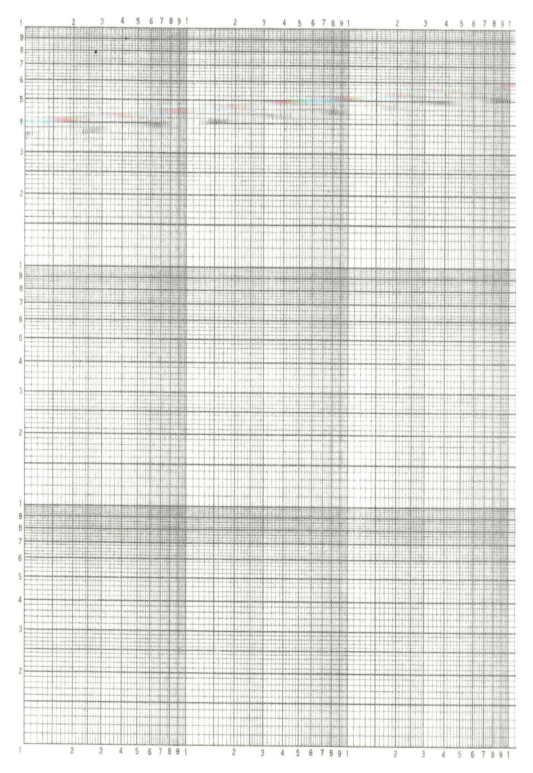

图 R1-1　　$\lg h_f \sim \lg v$ 关系曲线

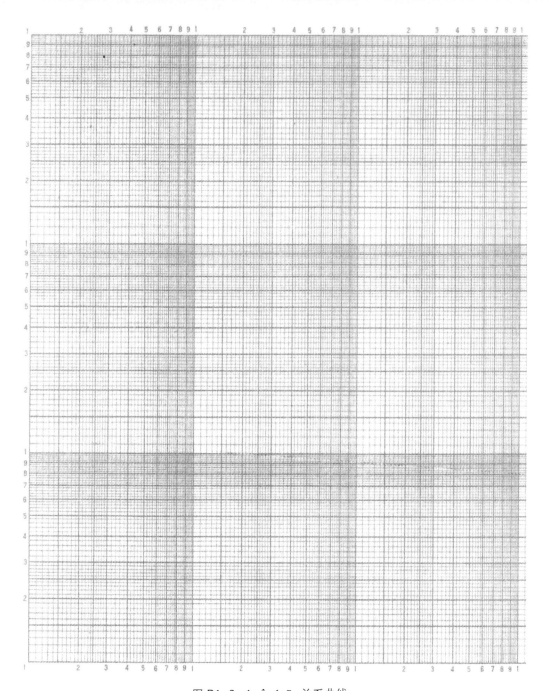

图 R1-2　$\lg\lambda \sim \lg Re$ 关系曲线

思考题

（1）实验正式开始前，为什么要将管路中的气体排尽？如何检查气体已被排尽？

（2）分析最大流量和最小流量的流态及流区。

（3）改变流量后，为什么要等水流稳定后才能读数？

2 文丘里流量计实验

表 R2-1 实验数据记录及计算表

水温 $T=$ ℃ 管径 $d_1=$ cm

管径 $d_2=$ cm 常数 $K=$ cm²·⁵/s

测次	体积 V /cm³	时间 t/s	实际流量 Q/ (cm³/s)	测压管水头		测压管水头差 Δh /cm	理论流量 $Q_{理}$/(cm³/s)	流量系数 μ
				h_1 cm	h_2 cm			
1								
2								
3								
4								
5								
6								
7								
8								

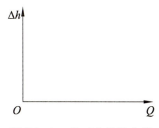

图 R2-1 Q~Δh 关系曲线

思考题

（1）分析文丘里流量计所测理论流量与实际流量之间的大小，并分析其原因。

（2）流量系数 μ 可能大于 1.0 吗？为什么？

（3）安装文丘里管时能否将上下游倒置，并说明原因。

3　毕托管测速实验

表 R3-1　实验数据记录及计算表

测次	毕托管水头差/cm			测点流速 v /（cm/s）	流量 Q（cm³/s）
	h_B	h_A	Δh		

思考题

（1）利用测压管量测压强时，为什么要排气？怎样检验气体排净与否？

（2）相较于光、声、电技术，毕托管测流速的优缺点有哪些？

4 孔板流量计实验

表 R4-1 实验数据记录及计算表

水温 $T=$ ℃   管径 $u_1=$ cm

管径 $d_2=$ cm   常数 $K=$ cm$^{2.5}$/s

测次	体积 V/cm^3	时间 t/s	实际流量 Q/(cm^3/s)	测压管水头 h_1/cm	h_2/cm	测压管水头差 Δh/cm	理论流量 $Q_{理}$/(cm^3/s)	流量系数 μ
1								
2								
3								
4								
5								
6								
7								
8								

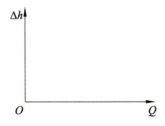

图 R4-1 $Q \sim \Delta h$ 关系曲线

思考题

（1）分析孔板流量计所测理论流量与实际流量之间的大小，并分析其原因。

（2）孔板流量计的流量系数为什么比文丘里流量计的流量系数小？

（3）使用孔板流量计测流量时应注意哪些问题？

5 局部水头损失实验

表 R5-1 突扩管局部水头损失实验记录表

细管直径 $d_1=$ cm   细管面积 $A_1=$ cm^2

粗管直径 $d_2=$ cm   粗管面积 $A_2=$ cm^2

测次	体积 V/cm^3	时间 t/s	流量 $Q/(cm^3/s)$	测压管水头/cm		流速水头/cm		$h_{j实}$/cm	$\zeta_实$/cm	$h_{j理}$/cm	$\zeta_理$/cm
				$z_1+\dfrac{p_1}{\gamma}$	$z_2+\dfrac{p_2}{\gamma}$	$\dfrac{v_1^2}{2g}$	$\dfrac{v_2^2}{2g}$				
1											
2											
3											
4											
5											

表 R5-2 突缩管局部水头损失实验记录表

粗管直径 $d_1=$ cm   粗管面积 $A_1=$ cm^2

细管直径 $d_2=$ cm   细管面积 $A_2=$ cm^2

测次	体积 V/cm^3	时间 t/s	流量 $Q/(cm^3/s)$	测压管水头/cm		流速水头/cm		$h_{j实}$/cm	$\zeta_实$/cm	$h_{j理}$/cm	$\zeta_理$/cm
				$z_1+\dfrac{p_1}{\gamma}$	$z_2+\dfrac{p_2}{\gamma}$	$\dfrac{v_1^2}{2g}$	$\dfrac{v_2^2}{2g}$				
1											
2											
3											
4											
5											

思考题

（1）为什么实验中一定要保持水流恒定？

（2）能量损失有哪几种形式？产生能量损失的原因是什么？

（3）比较管流突然扩大的实测局部水头损失和理论局部水头损失的大小，并分析其原因。

6 伯努利方程实验

1. 有关常数记录

均匀段 $D_1=$　1.40 cm　　缩管段 $D_2=$ 0.80 cm　　　　扩管段 $D_3=$ 2.50 cm

水箱液面高程 ▽0　　cm　上管到轴线高程 ▽$z=$　　cm　$g=980$ cm/s^2

2. 各测点静压水头，测计 $\left(Z+\dfrac{P}{\rho g}\right)$ 数值表

表 R6-1　各测管水头值及实验流量

测点编号	15	16	17	18 19	20 21	22 23	24 25	26 27	流量 Q(cm^3/s)
次数 1									
2									
3									

3. 计算流速水头和总水头

由流量 Q 和管径 D，可知断面平均速度 $v=\dfrac{4Q}{\pi D^2}$，则流速水头为 $\dfrac{8Q^2}{\pi^2 D^4 g}$。

表 R6-2　不同流量下各断面的流速水头

管径	第 1 组流量 Q			第 2 组流量 Q			第 3 组流量 Q		
	A/cm^2	v/(cm/s)	$v^2/2g$/cm	A/cm^2	v/(cm/s)	$v^2/2g$/cm	A/cm^2	v/(cm/s)	$v^2/2g$/cm
D_1=1.4cm									
D_2=0.8cm									
D_3=2.5cm									

各断面总水头 $\left(Z+\dfrac{P}{\rho g}\right)$ 列表如下。

表 R6-3　各断面的测压管水头及计算总水头

测点编号	15	16	17	18 19	20 21	22 23	24 25	26 27	流量 Q（cm^3/s）
次数 1									
2									
3									

（注：表格 R6-1 与表格 R6-3 中的区别就在于双测点的断面，表格 R6-1 中总水头为毕托管测得的实测总水头，表格 R6-3 中的总水头为计算总水头，即测压管水头与表格 R6-2 中的流速水头之和。）

4. 绘制测压管水头线和总水头线

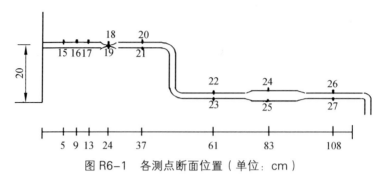

图 R6-1　各测点断面位置（单位：cm）

7 雷诺实验

表 R7-1　实验记录表

管径 D=1.4 cm　　　　水温 $T=$ 　　 ℃

测次	体积/cm³	时间 t/s	流量 Q/（cm³/s）	流速 v/（cm/s）	雷诺数 Re	状态
1						
2						
3						
4						
5						
6						
7						
8						
9						
10						

思考题

（1）为什么调整流量时，一定要慢，且要单方向调整？

（2）要提高实验精度，应该注意哪些问题？

8 阀门局部阻力系数的测定

表 R8-1 实验数据记录表

测次		h_1/cm	h_2/cm	h_3/cm	体积/mL	时间/s	流量/(cm³/s)
30°	1						
	2						
45°	3						
	4						
全开	5						
	6						

测次		$\triangle h_1$/cm	$\triangle h_2$/cm	h_f/cm	v（cm/s）	ζ
45°	1					
	2					
60°	3					
	4					
全开	5					
	6					

思考题

（1）同一开启度，不同流量下，ζ 值应为定值还是变值，为什么？

（2）不同开启度时，如把流量调至相等，ζ 值是否相等？

9 孔口与管嘴实验

表 R9-1 孔口与管嘴实验常数

孔口管嘴直径及高程如下。

圆角管嘴：$u_1=$ $\times 10^{-2}$ m

直角管嘴：$d_2=$ $\times 10^{-2}$ m

出口高程：$z_1=z_2=$ $\times 10^{-2}$ m

锥形管嘴：$d_3=$ $\times 10^{-2}$ m

孔口：$d_4=$ $\times 10^{-2}$ m

出口高程：$z_3=z_4=$ $\times 10^{-2}$ m

基准面选在标尺的零点上。

表 R9-2 孔口管嘴实验记录计算表

项目 分类	圆角管嘴	直角管嘴	圆锥管嘴	孔口
水箱液位 $z_0/(10^{-2}$ m$)$				
流量 $q_w/(10^{-6}$ m/s$)$				
作用水头 $H_0/(10^{-2}$ m$)$				
面积 $A/(10^{-4}$ m$)$				
流量因数 μ				
测压管液位 $z/(10^{-2}$ m$)$				
真空度 $h_w/(10^{-2}$ m$)$				
收缩直径 $d_c/(10^{-2}$ m$)$				
收缩断面 $A_c/(10^{-4}$ m$)$				
收缩因数 ε				
流速因数 ψ				
阻力因数 ζ				
流股形态				

10　渗流实验

表 R10-1　变水头渗透实验记录

开始时间 t_1	终了时间 t_2	经过时间 /s	开始水头 H_1/cm	终了水头 H_2/cm	$2.3 \times \dfrac{a \times L}{A \times (t_2 - t_1)}$	$\lg \dfrac{H_1}{H_2}$	$T℃$ 时的渗透系数 /(cm/s)	水温 /℃	校正系数	水温 20℃ 渗透系数 /(cm/s)	平均渗透系数 /(cm/s)
(1)	(2)	(3)	(4)	(5)	(6)	(7)	(8)	(9)	(10)	(11)	(12)
—	—	(2)−(1)	—	—	$2.3 \times \dfrac{a \times L}{A \times (3)}$	$\lg \dfrac{(4)}{(5)}$	(6)×(7)	—	—	(8)×(10)	$\dfrac{\sum(11)}{n}$

表 R10-2　常水头渗透实验记录

实验次数	经过时间 /s	测压管水位/cm			水位差			水力坡度	渗水量 /cm	$T℃$ 时的渗透系数 /(cm/s)	水温 /℃	校正系数	水温 20℃ 渗透系数 /(cm/s)	平均渗透系数 /(cm/s)
		Ⅰ	Ⅱ	Ⅲ	H_1	H_2	平均							

思考题

（1）变水头渗透实验和常水头渗透实验各适应什么条件下的土样测量渗透系数？

（2）影响渗透系数的测定结果准确性的因素有哪些？如何提高实验的精度？

（3）不同流量下渗透系数指标是否相同？为什么？